CASHBOOK

MIX
Papier aus verantwor-
tungsvollen Quellen
FSC® C083411

Wolfgang Deutschmann:
Cashbook

Alle Rechte vorbehalten

© 2021 edition a, Wien
www.edition-a.at

Gesetzt in der Premiera
Gedruckt in Deutschland

1 2 3 4 5 ── 24 23 22 21
ISBN 978-3-99001-485-1

WOLFGANG
DEUTSCHMANN

cashbook

Geldverdienen mit Facebook,
Instagram, YouTube und Co.

edition a

Inhalt

»Das größte Risiko ist es, keine Risiken einzugehen ...
In einer Welt, die sich so schnell verändert,
ist kein Risiko einzugehen die sicherste Strategie,
um zu versagen.«

Mark Zuckerberg (CEO Facebook)

DIGITAL BERGSTEIGEN

Die kurze Geschichte einer kleinen florierenden Firma,
der es gelang, in den sozialen Medien Reichweite
zu erzielen und damit Geld zu verdienen.

Eine Almhütte in den Allgäuer Alpen, Abenddämmerung in den Dolomiten, Gipfel-Euphorie auf der Zugspitze: Zwei Brüder, beide leidenschaftliche Bergsteiger, posteten auf *Facebook* Fotos ihrer Abenteuer oberhalb der Baumgrenze. Ein Geschäftsmodell hatten sie nicht. Dahinter stand bloß ihr Bedürfnis, ihre Leidenschaft für die Berge mit anderen zu teilen. Insbesondere mit jenen Menschen, denen sie sonst nur auf Wandersteigen, Almwiesen und bei den Hüttenwirten begegneten. Sie nannten ihren Account *»BËRGSTEIGER«*.

Mit dem Hashtag *#steigauf* verbreiteten sich ihre emotionalen Bilder aus wildromantischen Höhen, kombiniert mit Sprüchen wie *»Am Ende der Ausreden beginnt das Leben«* oder *»Wenn alle Wege verstellt sind, bleibt nur der Weg nach oben«* bald auch auf *Instagram*. Der Funke sprang über. Wie von selbst entwickelte sich eine Community, die mit ihren Posts den *BËRGSTEIGER*-Spirit feierte.

Einer der *BËRGSTEIGER*-Brüder arbeitete bei mir, weshalb ich die Entwicklung des Projektes aus nächster Nähe verfolgen konnte. Wir, die beiden Gründer und ich, begriffen bald, dass die Community größer war als gedacht und dass sie stark reagierte. Innerhalb weniger

Tage bekamen die Posts damals, 2017, jeweils mehrere hundert Likes und wurden wieder und wieder geteilt. 30.000 Abonnenten waren es bald, alles bergbegeisterte *Facebook*- und *Instagram*-User.

Die Zeiten waren 2017 noch etwas günstiger für derartige ungeplante Erfolgsläufe. Inzwischen reduziert vor allem *Facebook* die organische, also die ohne Werbeausgaben erzielbare Reichweite von Posts. Wer heute so viele User erreichen will wie die *BËRGSTEIGER*-Brüder damals allein durch die Anziehungskraft ihrer Bild-Text-Kombinationen, muss Geld für *Facebook*-Werbung ausgeben und wissen, wie das am effizientesten geht. Ähnliches gilt für *Instagram*, seit *Facebook* die Plattform gekauft hat. Doch wer es richtig anstellt, kann mit nützlichen, spannenden oder berührenden Inhalten und einem bescheidenen Werbebudget noch immer die gleichen Effekte erzielen.

AUS EINEM HOBBY WERDEN UMSÄTZE

Die *BËRGSTEIGER*-Seiten hatten bald auch ein Symbol, das die Community verband. Ein E mit zwei Punkten obendrauf: Ë. Peter, der Bruder meines Mitarbeiters, der eigentliche Ideengeber, erfand es. Entstanden war dieses Symbol aus der Vorstellung von einem wandernden Bären und einer Mischung aus den Worten »Bär« und »Bergsteiger«, also *BËRGSTEIGER*. Das Ë löste sich irgendwann von selbst heraus und wurde zu so etwas wie dem Logo der Firma.

Die Abonnenten der Seite fingen an, dieses ja eigentlich walisische Ë und den Hashtag *#steigauf* während ihrer Touren für ihre Fotos und Posts zu verwenden. Ganz ohne Aufforderung, bezahlte Partnerschaft oder sonstige Gegenleistung, was viel wert ist. So entstand eine Marke, ohne dass jemand einen Cent dafür ausgab. Womit als nächstes die Frage nahelag, wie sich mit dieser Marke und der Reichweite des *Facebook*- und des *Instagram*-Accounts von *BËRGSTEIGER* Geld verdienen ließ.

Antworten auf solche Fragen zu finden ist das tägliche Geschäft meiner Social-Media-Agentur. Wir haben einige erfolgreiche *Facebook*-Seiten praktisch von Null an aufgebaut und etwa *HoT*, die Telekom-Sparte der österreichischen Handelskette *Hofer*, vom ersten Like an begleitet, bis sie mit der *Facebook*-Seite von *Hofer Österreich* fusionierte. Reichweite zu Geld zu machen erfordert neben Know-how und Erfahrung immer auch etwas Kreativität, eine gewisse Experimentierfreudigkeit und vor allem Geduld. Doch eines steht fest:

Wo Reichweite ist, gibt es fast immer
auch einen Weg, Geld damit zu verdienen.

Die *BËRGSTEIGER*-Gründer dachten also nach, und zwar zu einem Zeitpunkt, zu dem sie mit ihrer *Facebook*-Seite bereits Geld verdient hatten, ohne dass sie sich groß dafür anstrengen mussten. Sportartikelhersteller und -händler waren auf sie zugekommen, um Kooperationen einzugehen und zum Beispiel Gewinnspiele über die Seite zu promoten.

Schließlich ist die BËRGSTEIGER-Facebook-Seite mit einer Influencer-Seite vergleichbar, bloß fehlte der Influencer als Person. Mit teilweise dreißig Posts beziehungsweise Hashtag-Nutzungen und Verlinkungen pro Tag kam der Großteil der Inhalte von den Usern selbst, also von Menschen, die irgendwo in den Bergen unterwegs waren und ihre Tour mit der Community teilten.

Mit direkter Werbung auf der Facebook- oder Instagram-Seite, zum Beispiel mit Produktplatzierungen, ist in dieser Größenordnung allerdings nur wenig zu verdienen und wenn zu viel Werbung auf einer Seite auftaucht, wird das lästig für die Community. Die konkrete Frage bei der anstehenden nachhaltigen Monetarisierung von BËRGSTEIGER lautete also, genau wie bei vielen anderen, mehr oder weniger spontan und aus bloßer Begeisterung für eine Sache entstandenen Seiten:

Was schafft für die Community einen zusätzlichen Mehrwert, für den sie zu bezahlen bereit ist?

Dass sich die Community über die Social-Media-Seiten von BËRGSTEIGER sichtbar machen konnte und über den gemeinsamen »Brand« verbunden fühlte, schaffte bereits einen gewissen »inneren Mehrwert«. Die Seite verfügte aber inzwischen außerdem über einen einzigartigen Hashtag (*#steigauf*) und ein einprägsames Logo, das sich auf allen möglichen Produkten gut machen würde. Beides nicht zu nutzen wäre eine verlorene Chance gewesen. Also konkretisierten wir die Frage nach dem zusätzlichen Mehrwert wie folgt:

> *Welches Produkt könnte die Community haben wollen, das an den inneren Mehrwert der Social-Media-Seiten anknüpft? Welches Produkt unterstützt die BËRGSTEIGER-Community dabei, sich noch verbundener zu fühlen?*

Die Zielgruppe waren Menschen, die ihren Rucksack packen, frühmorgens aufbrechen und durch die unberührte Natur der Berge aufsteigen, entlang schmaler Steige, zwischen Bergkiefern, Preiselbeerfeldern oder Alpenrosen hindurch den Gipfelkreuzen entgegen. Zu klären war also:

> *Was brauchen alle Bergsteiger?*
> *Was haben alle Bergsteiger?*
> *Was verbindet alle Bergsteiger?*

Kappen und T-Shirts drängten sich auf. Damit wollte das Brüderpaar testen, ob die Marke überhaupt funktionierte und ob es Bergsteigern tatsächlich etwas wert war, dieses Ë zu tragen. Denn das ist die entscheidende Frage, die es vor allen anderen Schritten der Monetarisierung eines gut laufenden Social-Media-Accounts zu klären gilt:

Gibt es User, die bereit sind,
Geld für die Sache auszugeben?

Die Brüder nutzten die billigste Möglichkeit, diese Frage zu klären, einen sogenannten Spreadshirt-Shop. Kunden laden dort ihre Wunschlogos hoch und der Shop produziert die Shirts *on demand*, also erst bei Bestellung, liefert sie direkt aus und rechnet ab. Die Qualität der T-Shirts war zu diesem Zeitpunkt noch nebensächlich, da reichte Billigware. Es ging wie gesagt erst einmal nur um die Frage, ob das Ë überhaupt eine Marktchance hatte.

Wenig später waren die *BËRGSTEIGER*-Shirts bereits aus Bio-Baumwolle. Denn über den Spreadshirt-Shop entstand rasch ein Monatsumsatz zwischen tausend und dreitausend Euro. Für den Anfang war das nicht schlecht, auch wenn der Großteil des Gewinns bei Spreadshirt landete. Die Brüder machten ein Unternehmen daraus und meldeten ein Gewerbe an. Ich beteiligte mich mit dreißig Prozent und steckte rund 30.000 Euro in das Start-up, um ihm etwas Schwung zu geben. Die Firma konnte außerdem unsere Büros und natürlich unsere Expertise nutzen.

EINE ENTSCHEIDENDE IDEE

BËRGSTEIGER fehlte allerdings noch etwas Wesentliches. Kappen und T-Shirts bedrucken lassen, auf diese Idee kamen schnell einmal Gründer einer Marke, die in den sozialen Medien entstand. Das ist wirklich keine Kunst mehr. Doch die Vision von etwas Größerem lässt sich damit nicht verwirklichen. Dafür braucht es eine *USP*, eine *Unique Selling Proposition*, ein Alleinstellungsmerkmal, etwas Einzigartiges, das die Community als typisch für die Marke empfindet, etwas Identitätsstiftendes, das nur sie auf diese Weise bietet. Was konnte das hier sein?

Peter, der bereits erwähnte Bruder meines Mitarbeiters, hatte wieder die entscheidende Idee. Er ist ein Erfinder- und Tüftler-Typ, der den *BËRGSTEIGER*-Spirit selbst lebt, die Macht und Freiheit der Bergwelt liebt und seine Motivation nicht aus der Aussicht auf Reichtum, sondern aus seiner Leidenschaft bezieht. Er schlug Armbänder vor. Armbänder in der Form von Eispickeln, die gleichzeitig als Verschluss dienen sollten: Den Eispickel durch eine Lasche ziehen, und schon ist das Armband geschlossen. Das Ganze geflochten und größenverstellbar, passend für jedes Handgelenk.

Inspiriert dazu hatte ihn die Firma *Paul Hewitt*, ein Anbieter von Uhren, Schmuck und Mode-Accessoires im Preppy-Style, der Armbänder mit Ankern als Verschluss verkaufte. Peter stand eines Tages mit einem Exemplar davon da und schlug vor, statt der Anker einfach Eispickel zu verwenden und das Band an die raue Bergwelt anzupassen.

Wir waren begeistert. Das gab es in dieser Form für unsere Zielgruppe noch nicht und wir beschäftigten uns damit, wie sich so ein Armband konzipieren beziehungsweise produzieren ließ. Prototypen entstanden, alle mit dem *BÊRGSTEIGER*-Schriftzug darauf.

Jetzt erst nahm die Entwicklung der kleinen Firma wirklich Fahrt auf. Denn die *BÊRGSTEIGER*-Abonnenten posteten nun Fotos von ihren Handgelenken mit unseren Armbändern in den Bergen. Laufend trafen neue Fotos bei uns ein, auf denen das Eispickel-Armband zu sehen war.

Bessere Werbung gab es kaum, und dementsprechend verkauften wir bis Ende 2020, also innerhalb von drei Jahren, rund vierzigtausend Stück des neuen *BÊRGSTEIGER*-Bestsellers. Angesichts eines anfänglichen Preises von 25 bis 29 Euro (wenig später kostete das Armband 34 Euro) war das ein schöner Erfolg. Immerhin bedeutete es mehr als eine Million Euro Umsatz.

Die *BÊRGSTEIGER*-Abonnenten kauften das Armband oft sogar mehrmals. Weil es viele ständig trugen, um auch im Büro etwas von der Macht und der Freiheit der Bergwelt dabeizuhaben, nützte es sich ab und sie brauchten ein neues, das nie das gleiche war. Denn wir entwickelten das Produkt ständig weiter und perfektionierten es. So bekamen wir anfangs die Rückmeldung, dass sich die Oberfläche auflösen würde, vor allem unter dem Einfluss von Sonne, Wind und Wetter. Wir nahmen uns die Kritik zu Herzen und schafften das Problem aus der Welt. Wir produzierten in Asien, unterzogen jedes Armband bei uns in Graz einer Qualitätskontrolle und versandten es über einen Logistikanbieter. Die Herstellungskosten inklusive Verzollung lagen bei 5 Euro und die Versandkosten, die wir extra berechneten, in Österreich und Deutschland bei 4,90 Euro. Wenn wir noch 15 bis 30 Prozent des Umsatzes für Werbung ausgaben, ließ sich damit also durchaus etwas verdienen.

PRODUKTWELT AUS DEN SOZIALEN MEDIEN

Das erfolgreiche Armband war als genialer Träger des *BÉRGSTEIGER*-Spirits so etwas wie ein Sprungbrett für die kleine Firma. Danach überlegten wir wieder und testeten weitere Produkte. So kamen wir auf die Sonnenbrille.

Zunächst suchten wir wieder eine Standardbrille aus, versahen sie mit unserem Logo und beobachteten, wie die Community darauf reagierte. Ist es jemandem etwas wert, eine Sonnenbrille mit dem *BÉRGSTEIGER*-Logo zu tragen?

Das war die Frage, und wieder beantworteten sie die *BÉRGSTEIGER*-Abonnenten bei unserem Test mit: »Ja, grundsätzlich schon.« Zumindest ließ sich die Zahl der eingehenden Bestellungen so interpretieren. In den ersten Monaten verkauften wir nach und nach rund 600

Sonnenbrillen zu 195 Euro, was einen Umsatz von fast 120.000 Euro ergab, bei einem Werbebudget von rund 40.000 Euro.

Wir hatten nun genug Geld, um in die Entwicklung einer Brille zu investieren, die den Ansprüchen unserer Community besser gerecht wurde. Sie hatte polarisierende Gläser von *Carl Zeiss Vision*, das Design stammte von einem Brillen-Spezialisten und sie war gleichzeitig leicht und robust. Wir setzten auf besonders breite Steckbügel, damit die Brille auch wirklich fast allen passte und auch bei starken Steigungen nicht aus dem Gesicht rutschte. Außerdem lernten wir einiges über den Sonnenbrillenmarkt, etwa, dass dessen Hochsaison von April bis Mai dauert. Zumindest für Bergsteiger-Sonnnebrillen.

Unversehens war aus einem zum Spaß gestarteten Social-Media-Account ein funktionierendes kleines Unternehmen mit eigener Produktpallette geworden. Ich übernahm die Firma mit den zwei Punkten über dem »E« schließlich mehrheitlich. Bald hatte sie auf *Facebook* über 100.000 und auf *Instagram* mehr als 50.000 Abonnenten. Auch auf *Pinterest* wurde sie immer erfolgreicher. Inzwischen sondiere ich die Übernahmeangebote. *Facebook*- und *Instagram*-Seiten lassen sich verkaufen, erst recht, wenn sich damit auch noch Umsatz machen lassen und ein Unternehmen dahintersteht.

DIE DEMOKRATISIERUNG
DER WIRTSCHAFT

Geld verdienen mit den sozialen Medien ist nicht bloß ein moderner Trick, um ein (Neben-)Einkommen zu generieren. Es ist ein wesentlicher Teil der Zukunft unserer Wirtschaft und wenn du jetzt damit anfängst, endet die durch COVID-19 bedingte Wirtschaftskrise für dich, bevor sie begonnen hat.

140 Millionen Unternehmen haben inzwischen auf *Facebook* Accounts und kämpfen innerhalb ihrer geografischen Reichweite um die Aufmerksamkeit der User. Der Algorithmus von *Facebook* ist deshalb mit der Zeit komplexer geworden. Wir als Großkunden bekommen wöchentlich einen Anruf eines *Facebook*-Mitarbeiters, der uns auf den neuesten Stand bringt und uns dabei unterstützt, auf dem Laufenden zu bleiben.

Auch die Algorithmen aller anderen sozialen Medien werden mit der Zeit komplexer. Doch Geld verdienen mit sozialen Medien ist noch immer keine Raketenwissenschaft. Niemand muss Informatik oder Marketing studieren, um mit *Facebook, Instagram, YouTube, Pinterest* oder *LinkedIn* Umsätze zu machen und Gewinne zu erzielen. Es erfordert weder die Unterstützung mächtiger Influencer noch High-Tech-Schnickschnack oder Millionen an Werbebudget. Es geht auch hier letztlich um traditionelle unternehmerische Werte wie Begeisterung, Kreativität, Ausdauer und Experimentierfreudigkeit. Nur hat das Ganze drei klare und entscheidende Vorteile:

Vorteil eins. *Erfolgreiche Firmen aufzubauen ist dank der sozialen Medien nicht mehr nur Menschen mit guten Kontakten und hoher Kreditwürdigkeit bei den Banken vorbehalten.* Wenn du keine Lust mehr auf die Tretmühle in deinem Angestelltenjob hast oder ihn als Folge der Wirtschaftskrise zu verlieren drohst oder schon verloren hast, bieten dir die sozialen Medien eine mächtige Plattform, um dich mit einer eigenen Idee selbständig zu machen. Sie demokratisieren damit die Wirtschaft wie nichts anderes davor. Wer die besseren Ideen hat und fleißiger und ausdauernder ist, gewinnt.

Vorteil zwei. *Das Risiko ist dank der niedrigen dafür nötigen Investitionen gering.* Wenn deine Idee nicht funktioniert, ist das ganz normal und gehört zum Spiel. Weder bist du deshalb pleite noch wirst du stigmatisiert. Du nimmst die Erfahrungen mit, hakst es ab und versuchst es mit der nächsten Idee.

Vorteil drei. *Digitale Firmen aufzubauen oder bereits bestehende Firmen zu digitalisieren ist mit den sozialen Medien so einfach wie ein spannendes Computerspiel.* Es gibt beim Geldverdienen mit den sozialen Medien Spielregeln, die du lernen kannst. Wenn du sie kennst und dich ein wenig darin übst, erreichst du rasch die nächsten Levels.

Dieses Buch behandelt zwei Varianten, wie sich soziale Medien gewinnbringend für die eigenen Unternehmensideen einsetzen lassen.

Variante eins. Du hast noch kein Unternehmen, aber eine Idee. Wenn du in der spannenden neuen Geschäftswelt der sozialen Medien dabei sein willst, musst du immer diese drei Schritte gehen:

Produziere Content zu einem spannenden, nützlichen oder berührenden Thema, das mit deiner Idee zu tun hat.

Erziele damit Reichweite, indem du ihn in den sozialen Medien veröffentlichst.

Mache die Reichweite zu Geld.

Erst vor kurzem stieß ich auf ein sympathisches Beispiel dafür, was in den sozialen Medien in Sachen Reichweite möglich ist. Es ging um Mohnzelten.

Mir war diese Waldviertler Spezialität fremd, bis ich sie während eines Urlaubs in Niederösterreich entdeckte. Auf der Suche nach einem Rezept fand ich den *YouTube*-Kanal einer Frau mit einer Leidenschaft fürs Kochen, die offensichtlich nur unregelmäßig und noch dazu laienhafte Videos postete. Trotzdem hatte ihr *YouTube*-Kanal mehr als 25.000 Abonnenten.

Womit sich zumindest ein Nebeneinkommen erwirtschaften lässt. Zum Beispiel mit Online-Kochkursen. Selbst wenn es nur einige hundert Euro im Monat wären, wäre das als Erlös für eine Leidenschaft eine tolle Sache.

Am liebsten hätte ich sie angerufen und ihr ein paar Vorschläge gemacht, wie sie ohne großen Aufwand die Attraktivität ihres Channels steigern und daraus gewinnbringende Geschäftsideen ableiten könnte.

Variante zwei. Du hast bereits ein analoges Unternehmen und möchtest es mithilfe der sozialen Medien fit für die Zukunft machen und ausbauen. Dann musst du diese drei Schritte gehen:

Produziere Content zu einem spannenden, nützlichen oder berührenden Thema, das mit deinem Unternehmen zu tun hat.

Erziele damit Reichweite, indem du ihn in den sozialen Medien veröffentlichst.

Mache die Reichweite zu Geld.

Mir fällt dazu ein Südtiroler ein, der in vierter Generation eine Pizzeria geerbt hatte, und der sein überliefertes und lange gewachsenes Wissen über den besten Teig, die besten Oliven, die besten Tomaten oder den besten Mozzarel-

la über die sozialen Medien verbreitete. Mit seinen Koch-
kursen und über den Vertrieb von Zutaten wurde er nicht
schwer reich, aber er verdient damit inzwischen mehr als
mit der Pizzeria, es macht ihm mehr Spaß und während
der Lockdowns gehörte er zu den Gewinnern.

WAS IST EIN GUTES THEMA?

Oft sind es Themen, die zunächst absurd oder lächerlich
klingen, die in den sozialen Medien funktionieren. Ob es
der sogenannte ASMR-Bereich ist, in dem sich Menschen
mit erstaunlichem Erfolg den Reibungsgeräuschen von
Oberflächen widmen, oder der Gaming-Bereich, bei dem
Menschen vor laufender Kamera Videospiele spielen und
sich selbst kommentieren: Egal was, es kann Erfolg haben. Und egal welches Unternehmen du hast, sei es nun
eine Pizzeria, eine Tischlerei oder eine Steuerberatungs-
kanzlei, du kannst mithilfe der sozialen Medien mehr erreichen als bisher.

Jeden Tag treffe ich Menschen, denen ich gerne sagen
würde:

Mach einen Social-Media-Account über deine Leidenschaft
oder für deine Firma und verdiene (mehr) Geld damit.

Eine Weile sagte ich das auch tatsächlich jedem und jeder,
doch irgendwann ließ mein missionarischer Eifer nach.

Denn die meisten älteren Menschen winkten ab, als wären die sozialen Medien nichts als ein vorübergehender Auswuchs des Zeitgeistes. Die meisten jüngeren Menschen träumten davon, neue Kim Kardashians zu werden, besonders berühmt auf *YouTube* oder *Instagram*, aber ohne wirklichen Plan. Mit relativ einfachen Mitteln ein bodenständiges, florierendes Social-Media-Business aufzuziehen, dafür waren trotz des Spaßes, den das macht, trotz der damit verbundenen wirtschaftlichen Unabhängigkeit und trotz der Möglichkeit, sich selbst zu verwirklichen, nur wenige zu haben.

Deshalb bleibt das Potenzial der sozialen Medien, eigene Ideen zu vermarkten und deutlichen finanziellen Mehrwert zu erzielen, auf weiten Strecken unentdeckt. Das unausgeschöpfte Potenzial bedeutet aus dieser Perspektive verpasste Umsätze in Milliardenhöhe. In einer Utopie, in der die Chancen der sozialen Medien als Vermarktungsplattformen gänzlich wahrgenommen würden, stünden Milliarden Euro zur freien Verfügung für die Volkswirtschaften. Milliarden Euro, die Menschen ein besseres Leben ermöglichen würden, die Unternehmer erfolgreicher machen würden, die Wirtschaft ankurbeln würden und die ganze Gesellschaften von ihren Zukunftsängsten befreien würden. Milliarden Euro, von denen du dir mithilfe dieses Buches jederzeit deinen Teil abholen kannst.

REALITY-CHECK: DIE ARGUMENTE DER SOCIAL-MEDIA-LEUGNER

Als Folge der COVID-19-Pandemie haben viele Wirtschaftstrei-
bende verstanden, dass die Zukunft den digital gut aufgestellten
Unternehmen gehört. Es kann trotzdem noch immer richtig
überzeugend klingen, wenn dir Unternehmer und Manager
der alten Schule erklären, warum sie die sozialen Medien
nicht brauchen. Was ist dran an ihren Argumenten?

Denken wir an eine Herrenboutique in der Kölner Innenstadt und nennen wir sie *Boutique A*. Sie lebt von ihren
Stammkunden, von Laufkundschaft aus den umliegenden Büros und von Touristen. In den vergangenen Jahren
sanken die Umsätze und die Gewinne mit ein oder zwei
Ausnahmen leicht, doch insgesamt kam der Besitzer der
Boutique A immer ganz gut durch.

Er hofft auf das richtige Wetter zum richtigen Zeitpunkt, das beim niedergelassenen Modehandel immer
eine Rolle spielt, auf seinen guten Instinkt bei der Auswahl seiner Kollektionen auf den großen Modemessen,
darauf, dass irgendwann doch wieder mehr Menschen
lieber analog einkaufen, als online zu shoppen, und dass
es nie wieder Pandemien und Lockdowns gibt.

Einen Webshop hat er nicht, und auch sonst keinen
digitalen Auftritt, abgesehen von einer kleinen Website
mit seinen Öffnungszeiten. Seine Erfahrungen mit den
sozialen Medien beschränken sich auf den *Facebook-Ac-*

count seiner Frau, die dort, nicht immer zu seiner Freude, Fotos von ihrem Golden Retriever Sammy, ihren Treffen mit ihrer erwachsenen Tochter Charlotte oder ihren Paddelausflügen zu den Stauseen im Bergischen Land postet.

Der Besitzer von *Boutique A* hat einige Male darüber nachgedacht, sich einen Webshop anzuschaffen und sich mit den sozialen Medien zu befassen. Schließlich reden alle darüber, dass Daten das neue Gold sind. Eine Boutique ganz in seiner Nähe, *Boutique B*, hat beides getan und postet aus seiner Sicht wie wild eintreffende Schachteln mit den jeweiligen Modemarken darauf oder Details neuer Produkte. Doch er hält das für einen peinlichen Versuch, *Amazon* oder *Zalando* Konkurrenz zu machen. In Wirklichkeit, vermutet er, hängen im Webshop von *Boutique B* die digitalen Staubfäden von den Regalen.

Auch einige Branchenverbände empfehlen Unternehmern wie ihm inzwischen Webshops und Social-Media-Auftritte, das hat er mitgekriegt, aber seiner Meinung nach liegt das vor allem daran, dass die nicht wissen, was sie sonst in ihre Newsletter schreiben sollen. Dass das alles sehr viel Geld kosten würde, davon reden all die selbsternannten Wirtschaftspropheten jedenfalls nie. Wie er Follower findet und wie er Kunden in den Webshop lotst, das stand auch noch in keinem Newsletter. Geld ausgeben für etwas ist immer leicht, denkt er. Aber beim Geldeinnehmen wird's halt schwierig.

Sein Publikum bewegt sich auch gar nicht in den sozialen Medien, denkt er, das ist nach den Kosten für die Digitalisierung seines Unternehmens der zweite von drei entscheidenden Punkten für ihn, die gegen diese Investition sprechen. Was hätte er denn von einem Social-Media-Auftritt, für den sich keiner interessiert? Und was von einem Online-Shop, in dem niemand einkauft?

Würde er einen Webshop aufmachen, wäre das aus seiner Sicht ungefähr so, als würde er Zeit und Geld dafür verschwenden, draußen in der Wahrner Heide, wo höchstens ein paar Hasen, Füchse, Marder, Wildschweine und Radfahrer vorbeikommen, die neuen Jeans-Kollektionen von *Armani*, *Closed* oder *7 For All Mankind* anzubieten. Würde er dazu einen Social-Media-Auftritt starten, wäre das, als würde er da draußen jeden Tag einsam unter freiem Himmel drei Stunden lang die Qualität seiner Produkte loben. Er würde nur die Tiere erschrecken und die Radfahrer nerven.

Seinen dritten Punkt, findet er, bedenkt zu Unrecht niemand: Hätte er tatsächlich einen professionellen Webshop und würde er mit einem Social-Media-Auftritt Kunden dorthin locken, wären es wahrscheinlich die gleichen, die sonst in seine Boutique kommen. Würden die erst einmal anfangen, online statt persönlich bei ihm einzukaufen, wären sie irgendwann weg. Denn er würde den Kontakt zu ihnen verlieren, könnte seine große Stärke, die persönliche Betreuung, nicht mehr ausspielen und wäre der Konkurrenz endgültig wehrlos ausgeliefert.

Das Fazit des Besitzers von *Boutique A* zum Thema Geld verdienen mit *Facebook, Instagram, YouTube* und Co.:

»Ich habe bisher gut ohne Webshop und soziale Medien gelebt und werde es auch in Zukunft tun. Persönlicher Service wird auch in Zukunft durch nichts zu ersetzen sein.«

WIE UND WO KUNDEN EINKAUFEN

Nun blickt ein Mitarbeiter eines Logistikunternehmens in der Kölner Innenstadt am Freitag zu Mittag durch sein Fenster im achten Stock in den grauen Himmel und fragt sich, wo der Sommer geblieben ist. Ihm fällt ein, dass die Winterjacken, die er im vergangenen Jahr getragen hat, schon damals unansehnlich waren und dass er sich schon lange wieder einmal etwas Gutes tun wollte.

Sonst kauft er gerne bei Auslandsreisen ein, Souvenirs zum Anziehen sozusagen, oder in den *Luminaden,* einem Einkaufszentrum in Leverkusen, wo er wohnt. Aber weil er gerade nichts zu tun hat, sieht er auf seinem Smartphone nach, wo er in der Gegend um sein Büro eine schöne, warme Winterjacke bekommen könnte.

Boutique A taucht nicht auf. Ganz oben in der Liste von *Google* steht *Boutique B*. Die Adresse der Boutique kennt er. Sie liegt in unmittelbarer Nähe eines Asiaten, bei dem er mit Kollegen manchmal zu Mittag isst. Bloß ist ihm der Laden noch nie aufgefallen.

Er kann sich dann doch nicht aufraffen, hinaus in den grauen Tag zu gehen. Lieber lehnt er sich zurück und checkt seinen *Instagram*-Account.

Ein Kollege aus dem Rechtsschutz postet Fotos von sich, auf denen er wie Capital Bra aussieht. Na ja. Eine Freundin seiner Frau, die vergangenes Jahr in Rente ging, postet ein Foto, auf dem sie ihren Mann auf den Mund küsst. Irgendwie romantisch, aber auch ein bisschen unheimlich. Und da ist eine Anzeige von dieser Boutique.

Er sieht sich in ihrem Webshop Winterjacken an. Dann sieht er auf die Uhr. Er hat noch einen späten Termin und bis dahin würde er hier nur herumsitzen und die Zeit totschlagen. Und so eine Jacke probiert man besser an.

SOCIAL-MEDIA-LEUGNER GIBT ES ÜBERALL

Der Betreiber der *Boutique A* ist mit seiner fatalen Denkart kein Einzelfall. Sie begegnet mir ständig und auf allen Ebenen der Wirtschaft. Selbst bei Milliardenkonzernen, bei denen ich früher gedacht hatte, dass sie immer einen Finger am Puls der Zeit haben, weil sie wissen, dass sie nur so bleiben können, was sie sind: groß und mächtig.

Erst jüngst kam ich in Kontakt mit einem österreichischen Versicherungskonzern, einem der großen der Branche mit Sitz in einem imposanten Wiener Hochhaus. Der Social-Media-Auftritt des Konzerns war ungefähr auf dem Niveau einer mittelmäßig engagierten Privatperson. Die Zahl der Abonnenten des *Facebook*-Accounts lag etwa beim Doppelten der Mitarbeiterzahl und die Beiträge bekamen 15 bis 50 Likes.

»Versicherungen sind ein sehr persönliches Geschäft«, sagte einer der Vorstände, ein umgänglicher Manager der alten Schule, als wir ihn freundlich auf diese für uns offensichtliche digitale Baustelle des Konzerns ansprachen. »Soziale Medien sind auch nicht der Ort, an dem Menschen über so etwas Bedeutendes wie eine Versicherung entscheiden.«

Man kommuniziere deshalb fast ausschließlich über Werbung in klassischen Medien und über Plakatkampagnen, beides sei besser kalkulierbar. »Selbst wenn wir wollten, kämen wir in den sozialen Medien nicht weit«, sagte der Vorstand. »Versicherungen sind dafür einfach zu langweilig. Soziale Medien sind bestimmt für viele Branchen wichtig, vielleicht irgendwann sogar entscheidend, aber nicht für unsere.«

Sein Fazit.

»Soziale Medien bringen uns keinen Mehrwert.«

DER HOCHMUT DER UNWISSENDEN

Es verblüfft mich immer wieder, wie auch erfahrene und bisher erfolgreiche Unternehmer und Manager mit ihren Einschätzungen offensichtlicher Entwicklungen dermaßen falsch liegen können. Hier die acht Hauptargumente der Social-Media-Leugner noch einmal im Überblick, gereiht nach ihrer Häufigkeit:

Argument eins. *»Soziale Medien sind für viele Branchen wichtig, aber nicht für unsere.«*

Das ist ein Denkfehler, den ich besonders häufig und in allen Branchen antreffe. Die Vertreter dieser Philosophie denken, sie würden für die einzige Branche der Welt arbeiten, für die Social-Media-Aktivitäten keinen Sinn haben.

Es ist eine Art Hochmut der Unwissenden, den sie bald bitter bereuen werden. Denn es gibt keine einzige Branche, die in Zukunft ohne soziale Medien auskommen wird, egal, ob es sich um B2C- oder um B2B-Geschäfte handelt, also um Geschäfte mit Endverbrauchern oder um solche zwischen Unternehmen.

Meine Steuerberaterin gehört auch zu den Social-Media-Leugnern. Sie ist überzeugt, dass sie keinen Social-Media-Auftritt braucht. Sie hat genug Klienten und wenn einer ausfällt, stehen immer genug andere bereit.

Sie hat ein anderes Problem. Es besteht darin, gute junge Leute zu finden, um mit ihnen als Kanzlei zu wachsen. Die jungen Leute wollen nicht mehr arbeiten, denkt sie, dabei ist der Grund ein anderer. Welcher junge Mensch will schon bei einem Unternehmen arbeiten, das in seiner Welt, also in jener der sozialen Medien, gar nicht existiert? Und wie soll ein junger Mensch ein solches Unternehmen überhaupt erst finden?

Argument zwei. *»Unsere Branche ist zu langweilig für die sozialen Medien.«*

Es gibt keine langweilige Branche, sondern nur Unternehmen ohne Ideen. Meine Social-Media-Agentur betreut zum Beispiel die Accounts eines Herstellers von Pappbechern. Die sind auf den ersten Blick wirklich nicht besonders aufregend, doch bei näherem Hinsehen wird alles spannend. Wie und woraus werden Pappbecher hergestellt? Was für Pappbecher gibt es? Wie lassen sie sich einsetzen? Was kann man alles damit tun? Wie werden sie recycelt? Daraus lassen sich jede Menge Ideen ableiten. Schließlich sind Pappbecher etwas, mit dem jeder Mensch in seinem Leben zu tun hat, und mit dem viele Menschen auch Erinnerungen verbinden, an Konzerte oder an Partys zum Beispiel.

Unsere Pappbecher-Accounts sind ziemlich erfolgreich. Ebenso wie die Accounts eines Betonherstellers, die wir betreuen. Wer sich näher mit etwas befasst und neugierig und kreativ ist, findet zu jedem Thema spannende Infos, mit denen sich das Publikum in den sozialen Medien, im Fall des Pappbecher- und des Betonherstellers vor allem jenes auf *LinkedIn*, fesseln lässt.

Mit Gefühl für den richtigen Nerv, etwas Charme und Humor können selbst vermeintlich trockene Themen und langweilige Produkte in den sozialen Medien vermarktet werden.

Versicherungen zum Beispiel sind im Vergleich zu Pappbecher- und Beton-Herstellern sogar richtig sexy. Gerade da gibt es immer Berührungspunkte mit dem täglichen Leben. Nehmen wir Menschen, die eine bestimmte Freizeitsportart mit bestimmten Risiken betreiben. Basejumping, Downhill-Biking oder Tiefschneefahren. Überall gibt es Communitys, denen gegenüber sich eine Versicherung als vertrauenswürdig präsentieren und sich damit im Gedächtnis verankern kann.

Ein Telekom-Unternehmer drehte einmal ein Video mit einem Trial-Bike-Star, der in halsbrecherischem Tempo und mit atemberaubenden Stunts durch Salzburg raste, Stiegen hinunter, Mauern hinauf, Simse entlang, und der dabei die Naturgesetze außer Kraft zu setzen schien. Das Trial-Bike-Video des Telekom-Unternehmens bekam dreißig Millionen Klicks und führte zu entsprechend vielen Besuchen der Website des Anbieters.

Auch eine Versicherung könnte über Videos fast unendlich viel Content produzieren, der zum Beispiel mit einem Hauch von zeitgemäßem Humor oder Nervenkitzel Kunden und potenziellen Kunden gefallen würde. Eine KFZ-Haftpflichtversicherung mit authentischen, kurzen Videoclips von unmöglichen Einparkversuchen zu bewerben, bringt viel mehr, als Tonnen von langweiligen Plakaten mit einfallslosen Slogans zu produzieren.

Argument drei. *»Meine Kunden sind nicht in den sozialen Medien vertreten.«*

Es ist kaum zu glauben, wie oft ich diesen Satz höre. Besonders in Zusammenhang mit Zielgruppen jenseits der Vierzig. Das ist natürlich völliger Schwachsinn. Auf *Facebook* zum Beispiel steigt der Altersdurchschnitt ständig. Es gibt keine gesellschaftliche Gruppe mehr, die nicht in den sozialen Medien vertreten ist. Abgesehen vielleicht von Strafgefangenen, die keine Handys haben dürfen, oder Angehörigen der Amischen, einer täuferisch-protestantischen Glaubensgemeinschaft, die den Fortschritt verweigert.

Argument vier. *»Mit einem Online-Shop verliere ich den Kontakt zu meinen Kunden.«*

Auch dieses Argument habe ich oft genug gehört und es ist längst durch Läden aller Branchen, die erfolgreich Webshops betreiben, widerlegt. Tatsächlich ist die Kombination eines bestehenden Ladens mit einem Webshop und einer Social-Media-Strategie die beste Möglichkeit, noch mehr Kunden zu finden, die persönlich kommen, zusätzlich Online-Umsatz zu generieren und so das Umsatzmaximum aus dem Geschäftsmodell herauszuholen. Die Vorstellung, ein kleiner Laden, eine Boutique zum Beispiel, könnte seine Kunden vom Onlineshoppen abhalten, indem er keinen Webshop anbietet, ist ohnedies absurd. Wenn diese Kunden nicht bei ihrem Stammgeschäft online shoppen können, tun sie es eben woanders. Und dann sind sie am ehesten wirklich weg.

Argument fünf. »*Der finanzielle Aufwand ist zu groß.*«

Egal ob es sich um ein Start-up, einen Klein- oder Mittelbetrieb oder um einen Konzern handelt, der Trick, wie sich mit sozialen Medien Geld verdienen lässt, ist fast immer der gleiche.

Erstelle eine Website mit einem Webshop und bringe mit geeigneten Social-Media-Aktivitäten und einem überschaubaren, präzise eingesetzten Werbebudget Kunden dorthin.

Die dafür nötige Grundausstattung ist günstiger, als du vielleicht denkst. Eine solide Website mit einer überschaubaren Anzahl an Unterseiten kostet etwa 5.000 bis 8.000 Euro. Es geht auch noch günstiger, zum Beispiel kannst du dir mit diversen Website-Baukästen oder fertigen *Themes* von *Wordpress* auch selbst eine Seite bauen.

Wichtig ist dabei immer, dass das Ganze nicht nur funktionell und nutzerfreundlich ist, sondern dass sich alle dort stattfindenden Aktivitäten möglichst genau messen und analysieren lassen. Wer sind die Kunden, die dort auftauchen? Woher kommen sie? Wie lange bleiben sie? Was sehen sie sich an? Wo bleiben sie dran? Wo steigen sie aus? Ein kleiner, professioneller Webshop, der für 99 Prozent der Unternehmen zum Starten völlig ausreicht, kostet etwa 8.000 bis 12.000 Euro. Auch hier gibt es großartige Baukästen, die helfen, Kosten zu sparen, beispielsweise auf *Shopify*.

Steht der Webshop einmal, ist mit 2.500 Euro Monatsbudget (oftmals reicht sogar viel weniger) für Social-Media-Marketing schon sehr viel auszurichten. Ein Unternehmen, egal welcher Größe, das seit zehn, zwanzig oder dreißig Jahren existiert, kann sich so ein Digitalisierungspaket im Normalfall leisten, wenn es das will. Vor allem deshalb, weil das Geld bald wieder zurückkommt und sich von da an vermehrt.

Selbst wenn du gerade mit Null bei Null anfängst, gibt es immer einen erschwinglichen Weg, auch wenn du keine Ersparnisse hast und keine Oma, die dir das Geld leiht. Und sobald eine gewisse Reichweite und erste Umsätze vorhanden sind, kannst du auch überlegen, externe Geldgeber mit aufzunehmen, um deinen Shop zu einem richtigen E-Commerce-Business aufzubauen.

Argument sechs. »*Wir haben bisher gut gelebt und werden es auch in Zukunft tun.*«

Was für ein gefährlicher Irrtum! Wenn sich ein Unternehmen, egal welcher Größe und Branche, nicht intensiv und konsequent mit sozialen Medien befasst, liefert es sich selbst der Konkurrenz aus. Es wird irgendwann einfach nicht mehr mithalten können.

Wer in Zukunft kein Geld für Social Media ausgibt,
bezahlt trotzdem dafür, und zwar mit entgangenen
oder gar rückläufigen Umsätzen.

Das gilt auch für große und jetzt noch scheinbar mächtige Konzerne. Denn es kann immer ein junges Unternehmen kommen, das eine Geschäftsidee, zum Beispiel Versicherungen, mit einem innovativen Konzept neu und nur noch digital definiert. So wie es die etablierten Banken plötzlich mit Online-Banken zu tun bekamen, die kein Vermögen mehr für pompöse Zentralen, Filialen oder Fuhrparks ausgeben. Der Schaden, der Social-Media- und Digitalisierungs-Leugnern damit in Zukunft entsteht, ist viel höher als die Anfangskosten für eine clevere Social-Media-Strategie. Er kann sogar ruinös sein.

Ich verstehe dieses Argument vor allem deshalb nicht, weil die meisten Unternehmen schon jetzt bei jeder Monatsabrechnung merken müssten, dass sie ohne soziale

Medien auf der Strecke bleiben. Sie stellen bloß im Kopf noch nicht den richtigen Zusammenhang her.

Nehmen wir einen Hersteller von Fenstern als Beispiel. Er steckt viel Kapital in Forschung und Entwicklung und seine Fenster werden bei konkurrenzfähigen Preisen immer besser. Seine Marketing- und Vertriebsleute sind erfahren und ihre Netzwerke wachsen, wie es sein soll. Er versteht deshalb nicht, warum sein Umsatz trotzdem nicht steigt oder sogar sinkt. Oder trotz der großen Investitionen nur langsam steigt.

Der Grund dafür ist, dass sich die Art und Weise, wie Menschen Kaufentscheidungen treffen, ändert. Ich beobachte das bei mir selbst. Wenn ich einen Installateur suche, dann *google* ich den Ort, an dem ich ihn brauche und das Wort »Installateur«. Dann sehe ich mir kurz die Online-Auftritte der Firmen an. Schließlich entscheide ich mich für die, die mir am professionellsten erscheint.

Erstens kann ich nicht wissen, ob das Unternehmen überhaupt noch existiert, wenn die Website einen steinzeitlichen Eindruck macht. Zweitens habe ich keine Lust, mich mit wirren und unübersichtlichen Websites zu befassen, weil das mühsam und frustrierend ist und drittens zweifle ich daran, dass jemand meine neue Regendusche mit Touch-Screen installieren kann, wenn er schon beim Einrichten einer brauchbaren Website scheitert. Genauso würde ich beim Kauf von Fenstern vorgehen.

Argument sieben. »*Klassische Werbung ist besser kalkulierbar.*«

Genau das Gegenteil ist der Fall. Klassische Werbung mag für Unternehmen wie Versicherungen, Telekom-Firmen, große Handelsketten oder politische Parteien noch ihre Bedeutung haben, doch hat sie gegenüber der Werbung in den sozialen Medien einige gravierende Nachteile. Einer davon ist ihre mangelnde Kalkulierbarkeit.

So zum Beispiel ist bei klassischer Werbung das Geld weg, sobald eine Kampagne einmal geschaltet ist, unabhängig davon, ob sie funktioniert hat oder nicht. In den sozialen Medien ist das anders. Werbung lässt sich dort inzwischen so einstellen, dass sie automatisch stoppt, wenn sie nicht angenommen wird. Sie lässt sich auch so einstellen, dass sie stoppt, wenn das Verhältnis zwischen den Werbeausgaben und dem dadurch erzielten Umsatz nicht mehr stimmt.

Wenn du in den sozialen Medien wirbst, weißt du immer, wie viele und was für Menschen deine Werbung wo, wann und wie lange sehen, wie diese Menschen darauf reagieren und zu welchen Umsätzen das führt. In diesem Buch wirst du noch erfahren, wie und warum. Bei klassischer Werbung weiß das alles niemand.

Argument acht. »*Ich habe schon jetzt mehr als genug zu tun.*«

Mehr als genug zu tun zu haben ist immer eine Moment-aufnahme und nie eine Selbstverständlichkeit. Schon gar nicht in einer globalen Wirtschaft, die gerade Umbrüche wie noch nie erlebt. Wenn du dich auf deinem Status quo ausruhst, kannst du eines Tages aufwachen und merken, dass nichts mehr so wie früher ist. Dann ist es schwer, aufzuholen, denn auf einmal musst du den guten Zeiten hinterherlaufen. Alle, die rechtzeitig reagiert haben und schon mit den sozialen Medien Geld verdienen, sind dir voraus. Angenehm ist die Situation dann nicht, denn Investitionen, die du jetzt vielleicht noch aus der Porto-kasse tätigen könntest, werden dann immer schwieriger und über allem steht dann die Frage: Geht das überhaupt noch? Schaffe ich das noch? Oder geht mir vorher die Luft aus?

Sich auf dem Satus quo auszuruhen bedeutet zudem, auf Wachstum zu verzichten, und dagegen spricht ein ökonomisches Gesetz, das es auch schon gab, lange bevor im Jahr 1969 das US-Militär vier leistungsstarke Groß-rechner vernetzte und so das *ARPAnet*, den Vorläufer des Internets, startete. Es lautet:

Stillstand ist Rückschritt.

Schon den Status quo des Umsatzvolumens zu erhalten erfordert ein gewisses Maß an Weiterentwicklung und die Auseinandersetzung mit dem Markt, den Zielgruppen und dem Einkaufsverhalten. Unternehmerische Weiterentwicklung ist jetzt, inmitten der digitalen Revolution, synonym mit der Digitalisierung, und Digitalisierung bedeutet vor allem auch Geld verdienen mit den sozialen Medien.

Argument neun. *»Soziale Medien bringen uns keinen Mehrwert.«*

Selbst wenn ein Unternehmen keine zusätzlichen Umsätze mit den sozialen Medien generieren will, bieten sie ihm sehr wohl einen Mehrwert. Zum einen geht es um Image-Werte, deren Bedeutung schon der Fall meiner Steuerberaterin und ihrem Rekrutierungsproblem bei Nachwuchs-Talenten gezeigt hat. Außerdem findest du in den sozialen Medien Antworten auf unter anderem diese Fragen:

*Wofür genau interessiert sich welche
meiner Zielgruppen?
Worauf reagieren meine Zielgruppen
und was ist ihnen egal?
Wie kann ich die Emotionen meiner
Zielgruppen ansprechen?
Was wünschen sich meine Zielgruppen
noch von mir?*

Eine Versicherung zum Beispiel kann Antworten auf diese ganz konkreten Fragen finden:

> *Wer tut was in seiner Freizeit und geht*
> *damit welches Risiko ein?*
> *Wer tut was beruflich und geht*
> *damit welches Risiko ein?*

Das alles hat nichts mit heiklen Daten zu tun. Diese Daten gibt es einfach im Internet, und wer dafür bezahlt, kann mit ihnen arbeiten.

DIE GEWINNER UND
DIE VERLIERER DER ZUKUNFT

Die sozialen Medien werden als wichtigstes Marketinginstru-
ment der neuen Wirtschaft Gewinner und Verlierer produzieren.
Die Gewinner arbeiten damit, die Verlierer ignorieren sie.
Zu welchen willst du gehören?

Die sozialen Medien gewinnen als Grundlage der Wirtschaft an Bedeutung. Die COVID-19-Krise hat gezeigt, wie
sprunghaft diese Entwicklung sein kann.

In den kommenden zehn Jahren werden soziale Medien
mehr Start-ups hervorbringen, als es die analoge Wirtschaft
in den vergangenen fünfzig Jahren getan hat.

Digitale Unternehmen wie *Amazon*, die mit den sozialen
Midden arbeiten, werden mächtiger werden und analoge
Mitbewerber, die darauf verzichten, einfach ausradieren.
Neue, frische Unternehmen junger Menschen, die binnen weniger Jahre dank der sozialen Medien aufpoppen,
werden große, vielleicht hundert oder noch mehr Jahre
zählende Tanker der alten Wirtschaft, die jetzt mit ihren
bürokratischen, hierarchischen, verschachtelten und
langsamen Strukturen noch vor Arroganz strotzen, überflüssig machen und ersetzen. Das wird die Verteilung des
Wohlstandes innerhalb der Bevölkerung und damit die
sozialen Strukturen, den Lebensstil, die Denkart, die Art

zu konsumieren, das Straßenbild oder etwa die Steuergesetze völlig verändern. Eine Welt geht unter und eine neue entsteht. Viele haben Angst davor. Zu Recht, denn sie stehen auf der falschen Seite, die Veränderung verneint. Ich finde es aufregend, denn ich weiß, dass ich auf der richtigen Seite stehe. Wo stehst du?

Die sozialen Medien, die Digitalisierung insgesamt wird auch die geografische Verteilung des Reichtums beeinflussen. Derzeit verläuft sie im Wesentlichen entlang der Nord-Süd-Achse des Planeten, künftig werden die digitalisierten Länder, Regionen und Städte reich und die analogen arm sein, egal, wo auf der Welt sie liegen. Die einen werden zu glitzernden Hotspots aufsteigen, in den anderen werden die Lichter allmählich ausgehen.

Die Länder und Städte stellen jetzt gerade selbst die Weichen. Durch ihre Antworten auf diese zwei Fragen entscheiden sie, wo sie künftig stehen werden:

*Wie gut ist die Bildungspolitik in unserem Land,
unserer Region oder unserer Stadt?*

*Wie fördern wir digitale Start-ups und die
Digitalisierung von Unternehmen in unserem Land,
unserer Region oder unserer Stadt?*

BILDUNG ENTSCHEIDET

Wer wo stehen wird, zeigt sich bereits. Die baltischen Staaten Estland oder Lettland lernen schon ihren Volksschulkindern programmieren und stellen für Start-ups gut dotierte Fonds und Förderprogramme bereit. Die Lichter der neuen Welt gehen dort bereits an, während es in Mitteleuropa dunkler wird. Deutschland und Österreich ruhen sich auf ihrem in den vergangenen Jahrzehnten erworbenen Wohlstand aus. Die Digitalisierungsförderungen für Start-ups und Unternehmen sind lächerliche Alibi-Aktionen. Hier fehlt es sowohl an Bewusstsein als auch an bereitgestellten Mitteln und Kreativität.

Ein Land, das die aktuellen wirtschaftlichen Entwicklungen richtig einschätzt, würde Förderungen nicht an bürokratische Bedingungen knüpfen, sondern etwa an Kennzahlen in den sozialen Medien oder auf den Websites. Ab einer bestimmten Entwicklung der Social-Media-Accounts bekommen Start-ups und Unternehmen dann Fördermittel, um ihre Websites zu professionali-sieren, bessere Webshops zu errichten oder ihre Reichweite mit Ads zu skalieren.

Dazu kommt in Deutschland und Österreich ein veraltetes Bildungssystem. In welchem Zustand es ist, merke ich immer, wenn ich Mitarbeiter für meine Unternehmen suche. Ich finde in vielen Bereichen keine, die das können, was tatsächlich gebraucht wird. Es gibt viele leistungsbereite und engagierte junge Menschen, doch es fehlen ihnen die richtigen Kompetenzen. Selbst Absolventen von Fachhochschul- und Universitätsstudien zu digitalen Themen sind im professionellen und praktischen Umgang mit sozialen Medien ahnungslos. Das hat strukturelle Ursachen.

FRÜHER ANFANGEN

Jugendliche halten sich pro Tag durchschnittlich drei bis vier Stunden in den sozialen Medien auf. Schon die Kinder finden sich erstaunlich schnell mit deren Bedienung zurecht, was allerdings wenig bringt. Denn wer sich auf seinem Smartphone Katzenvideos und *TikTok*-Posts ansieht, lernt nichts dabei. Dass sie in den sozialen Medien nicht nur Konsumenten sein, sondern selbst kreativ etwas mit ihnen machen und schaffen können, lernen Kinder und Jugendliche in Mitteleuropa kaum. Sie haben keine Ahnung, wie sie diese Medien gestalten können, was sie aktiv damit machen können und welche Chancen sich für sie daraus ergeben können. Das ist so schade!

Oft brauchen junge, innovative Menschen nur etwas Inspiration oder ein Vorbild, um kreativ zu werden. Ich wäre begeistert gewesen, hätte ich in der Schule erfahren, was unternehmerisch alles mithilfe der sozialen Medien möglich ist. Doch die Schulen reden am ehesten von den »bösen« sozialen Medien, in denen ach so viel Unfug kursiert und die das Gehirn vernebeln.

Würden schon Kinder und Jugendliche lernen, was da alles geht, würden sich viel mehr von ihnen als Jungunternehmer versuchen. Ihre Eltern müssten sich deshalb keine Sorgen machen, denn auch für sie würde dieser goldene Grundsatz der sozialen Medien gelten:

Wenn etwas nicht funktioniert, spielt das keine Rolle.
Niemand verliert viel Geld. Niemand ist stigmatisiert.
Es geht dann nur um zwei Fragen:
Was habe ich dabei gelernt?
Womit probiere ich es als nächstes?

Es gibt bereits einige Gründer im Teenager-Alter, Schüler, die mithilfe der sozialen Medien Großartiges geleistet und der Wirtschaft einiges gebracht haben. Sie haben es aber nie wegen, sondern immer trotz unseres Bildungssystems geschafft. Sie könnten den Schulen als Inspiration für die nächste Generation dienen. Stattdessen machen ihnen ihre Lehrer oft Schwierigkeiten, weil sie mit ihrer Kreativität und Dynamik aus dem Rahmen fallen. In der österreichischen und auch der deutschen Lehrerschaft findet in den kommenden Jahren ein Generationenwechsel statt. Das ist eine Chance.

DAS DILEMMA DER FACHHOCHSCHULEN UND UNIS

Nachholen lässt sich das in der Schulzeit versäumte Wissen an Unis und Fachhochschulen auch nicht mehr so einfach. Wenn wir deren Absolventen bei uns in Graz zu Bewerbungsgesprächen einladen, tun sich Abgründe auf. Sie können philosophische Abhandlungen über Medienethik halten, aber wie sich mit den sozialen Medien Geld verdienen lässt, wissen sie nicht ansatzweise.

Zudem ist ihr Wissen meist drei bis fünf Jahre alt. In einem sich dynamisch entwickelnden Bereich wie dem der sozialen Medien sind drei bis fünf Jahre eine Ewigkeit. Ich habe Lehrbücher gesehen, mit Screenshots, die es so schon lange nicht mehr geben kann. Das ist etwa so, als würden Schüler an Landwirtschaftsschulen heute lernen, wie sich Felder mit Holzpflügen bestellen lassen.

Ich unterstelle den Universitäten und Fachhochschulen weder Ignoranz noch Unfähigkeit. Den meisten ist das Problem mangelnder Aktualität und Praxisbezogenheit ihrer Ausbildungen bewusst und sie versuchen ihr Bestes, es zu lösen. Sie kommen zu Unternehmern wie mir und laden sie als Vortragende ein.

Ich habe einige dieser Einladungen angenommen, bin aber zurückhaltend geworden. Der Zeitaufwand ist groß, die Stundensätze sind niedrig und das ganze Bildungssystem ist so aufgesetzt, dass auch ausgeprägtes unternehmerisches Sendungs- und Verantwortungsbewusstsein kaum auf fruchtbaren Boden fällt.

Der Grundfehler besteht darin, digitale Studienrichtungen genauso aufzusetzen wie ein Studium der Rechtswissenschaften oder der Betriebswirtschaftslehre. Bei letzteren beiden Studienrichtungen funktioniert das System. Hier ändern sich die Inhalte nur langsam und auf vorhersehbare Weise. Es hat deshalb Sinn, theoriebezogen zu lehren.

Doch *Facebook*, *Instagram*, *YouTube* oder *Pinterest* brauchen nur ihren Algorithmus zu ändern, und schon müssen alle Lehrbücher über Social-Media-Marketing neu geschrieben werden. Die Ausbildungen hier müssen deshalb viel flexibler, dynamischer und vor allem viel praxisbezogener sein.

Wir haben inzwischen notgedrungen unser eigenes dreimonatiges Trainee-Programm in Form einer Akademie entwickelt, mit Kursen, die vor Ort bei uns in Graz und online stattfinden. Wir bilden damit nicht nur unsere eigenen Leute aus und fort, sondern auch die Social-Media-Manager der Unternehmen, die wir betreuen.

In Zukunft werden wir diesen Kurs und die damit verbundene Ausbildung zum Social-Media-Manager auch entgeltlich anbieten. Das ist für mich eine bessere Art, unternehmerisches Sendungs- und Verantwortungsbewusstsein auszuleben, als an etablierten Bildungseinrichtungen zu lehren. Außerdem habe ich dabei immer die Perspektive, die alle Unternehmer im Social-Media-Bereich bei all ihren Projekten haben: Wer weiß, was aus unserer kleinen Akademie noch alles wird.

WER ICH BIN

Ich habe mich im *Learning-by-doing*-Verfahren mit dem Geldverdienen in den sozialen Medien vertraut gemacht. Dass ich jetzt andere Unternehmer bei ihren Social-Media-Auftritten betreue, ist fast so etwas wie eine Lebensaufgabe für mich. Denn schon als Schüler einer Höheren Technischen Lehranstalt (HTL) in Kaindorf an der Sulm fiel mir auf, dass es viele geniale Ideen gibt, die sich nicht durchsetzen, weil es ihre Erfinder nicht schaffen, Geld damit zu verdienen. Das kann doch nicht sein, dachte ich mir bereits mit 18 und erahnte in der Finanzierung beziehungsweise Monetarisierung solcher Ideen einen Markt.

Noch vor meinem Schulabschluss, in den letzten Sommerferien, gründete ich mit meinem Sitznachbarn ein Unternehmen, mein erstes von bisher insgesamt zwölf. Mein Zeugnis über den Abschluss der fünften HTL-Klasse habe ich bis heute nicht abgeholt, weil ich an dem Tag beruflich zu tun hatte. Wir befassten uns mit der Versorgung von Gebäuden mit selbstproduzierter Solarenergie in Form von Strom, mit Photovoltaik-Anlagen also. Diese Industrie boomte damals aufgrund großzügiger, staatlicher Förderungen.

Wir recherchierten intensiv alle damals teilweise noch neuen und für Grundstückseigentümer oft schwer nachvollziehbaren Förderdetails und sprachen mit potenziellen Interessenten und Investoren. Dank unseres Engagements und unserer technischen Expertise in Sachen Photovoltaik, die wir in der HTL mitbekommen hatten, bekamen wir unsere ersten Aufträge. Im Grunde ging es uns darum, in Kenntnis der Förderrichtlinien und versteckter Kosten die Rendite solcher Anlagen exakt festzustellen und anschließend zu optimieren.

Irgendwann bekamen wir den Auftrag, ein Bürgerbeteiligungsmodell für so eine Photovoltaik-Anlage zu konzipieren. Für uns war es naheliegend, das über eine Website zu organisieren, auf der sich interessierte Kleininvestoren anmelden konnten. Schließlich waren wir zu zweit und hatten gar nicht die Ressourcen, ein solches Projekt ohne digitale Unterstützung zu organisieren. Ein paar Zeitungen berichteten darüber und wir konnten unser Modell fünf Gemeinden präsentieren.

Nachdem wir binnen eines Monats rund 300.000 Euro für die Finanzierung von Photovoltaik-Anlagen gesammelt hatten, wies uns jemand darauf hin, dass es sich bei unserem »digitalen Modell« um keine Bürgerbeteiligung, sondern um »Crowdfunding« handelte. Crowdfunding? Wir hatten schon davon gehört, wussten aber nicht genau, was das sein sollte. Wir googelten den Begriff und stellten fest, dass der Hinweis stimmte. Was wir machten war tatsächlich eine Art von Crowdfunding.

Von nun an kümmerten wir uns um die Finanzierung aller möglichen guten Ideen mittels Crowdfunding. Es ging um einzelne Hallen für expandierende Firmen oder um junge Start-ups mit guten Ideen. Wir spezialisierten uns auf nachhaltige Projekte, erneuerbare Energien, Umwelt, Mobilität und Gesundheit und nannten die Plattform, über die wir das alles abwickelten, *GREEN ROCKET*.

Wenn du Ambitionen und Visionen entwickelst, die nicht alle verstehen, stößt du immer auch auf Missgunst. Oft genug hörte ich, wie dumm es wäre, an solchen Projekten zu arbeiten. Crowdfunding, das sei ein Minderheitenprogramm, und wenn es doch funktionieren würde, würde es bald hunderte andere Anbieter geben und wir beiden blutjungen Anfänger würden untergehen. Und dann auch noch so eine Nische wie Nachhaltigkeit. »Besser, ihr lasst es gleich bleiben«, sagten uns die meisten.

Du wirst als sehr junger Gründer nicht gerade unterstützt, vor zehn Jahren noch viel weniger als heute, und es war nicht leicht, das alles zu ignorieren. Aber wir blieben dran, und zwar mit einer Ansage gegenüber möglichen Partnern, Auftraggebern und Kunden, die gut funktionierte und die ich dir, wenn du dein unternehmerisches Glück jetzt in den sozialen Medien versuchst, ans Herz legen möchte:

> *»Wir haben kein Geld, aber wir haben eine Idee,*
> *für die wir brennen. Und in Zukunft*
> *werden wir auch Geld haben.«*

Langsam kam alles ins Rollen. Unser unschuldiges Erscheinungsbild und unser jugendlicher Charme, beides kombiniert mit dieser Ansage, halfen uns. Doch vor allem brachten uns unsere Begeisterung für unser Vorhaben, unser Mut und unsere akribische, ausdauernde Arbeit weiter.

Als wir zum Start von *GREEN ROCKET* auch noch ein Foto des damaligen österreichischen Umweltministers, Nikolaus Berlakovich, samt Statement und Interview auf der Startseite unserer Website vorweisen konnten, war für einen Raketenstart alles perfekt. Wir hatten nun eine Art Trust-Siegel, mit dem Startup *SunnyBAG* einen coolen, ersten Kunden und wie die vergangenen Jahre gezeigt haben, hat sich Nachhaltigkeit durchgesetzt.

Damals waren auch viele sogenannte »Hipster-Startups« entstanden, über die mittlerweile niemand mehr spricht und die inzwischen so gut wie alle pleite sind. Die nachhaltigen Firmen, um deren Finanzierung wir uns kümmerten, sind vielleicht nicht binnen Monaten oder Jahren auf das Hundertfache ihres Wertes explodiert, aber zu neunzig Prozent gibt es sie noch immer und eine ganze Menge Menschen leben von ihnen. Bis heute haben wir mehr als 30.000 Investoren über das Internet gewonnen und sind mit insgesamt mehr als neunzig Millionen Euro an Investments in Österreich der größte Betreiber von Crowdfunding-Plattformen. Wir finanzieren mittlerweile nicht nur Start-ups, sondern über *HOME ROCKET* auch Immobilienprojekte und Wachstumsvorhaben etablierter Unternehmen über *LION ROCKET*.

EIN VERSPRECHEN

Menschen haben großartige Ideen, aber sie werfen nichts ab, was wirklich schade ist. Diese Einsicht war auch mein Antrieb, als wir anfingen, Unternehmen nicht nur über Crowdfunding, sondern auch über die Beratung im Social-Media-Geschäft mit Geld beziehungsweise Kunden auszustatten. Wie verdiene ich mit einer guten Idee echtes Geld? Diese Frage beschäftigte mich weiterhin und in den sozialen Medien fand ich eine Fülle von Antworten darauf.

Ich weiß, dass Firmen immer noch analog entstehen oder funktionieren können, aber sie werden es nicht mehr lange tun.

*Ich habe dieses Buch auch geschrieben, um
dir in der neuen spannenden Welt des Geldverdienens
mit Facebook, Instagram, YouTube und Co.
einen Vorsprung zu geben.*

Es enthält das Grundwissen, das ich so ähnlich bei meinen Vorträgen an Universitäten und Fachhochschulen zu vermitteln versuche, das wir in unserem dreimonatigen

Trainee-Programm an unserer eigenen Akademie vermitteln und das wir an die Social-Media-Manager der Firmen, die wir betreuen, weitergeben.

Wir werden im Rahmen dieses Buches keinen Tiefgang ins Social-Media-Marketing machen und komplexe Tabellen, Formeln und Screenshots aus Werbekonten behandeln. Das wäre einerseits zu umfangreich und andererseits ist ein Buch auch nicht das ideale Medium dafür. Vielmehr bekommst du das Wissen vermittelt, um zu erkennen, welche Art des Social-Media-Marketings für dich geeinget ist und wo sich überhaupt ein Tiefgang für dich auszahlt.

Dieses Grundwissen ist leicht verständlich, leicht anwendbar und öffnet die Tür zu dieser neuen Welt. Wenn du durch sie trittst, wird dich das von vielen Sorgen befreien, die du vielleicht hast, und dir deine wirtschaftliche Zukunft als etwas zeigen, das du selbst in der Hand hast.

Zwei Dinge ermöglicht dieses Buch:

Erstens.

Du kannst noch am selben Tag, an dem du es liest, mit der Gründung deines eigenen Social-Media-Unternehmens anfangen und du brauchst dafür nichts weiter als einen Internetzugang – dein Smartphone reicht völlig aus. Wenn du noch keine Idee für dein eigenes Social-Media-Unternehmen hast, kann dich dieses Buch anhand der darin genannten Beispiele zu einer inspirieren.

Zweitens.

Wenn du schon ein analoges Unternehmen hast oder leitest, egal welcher Größe, kannst du noch am selben Tag, an dem du dieses Buch liest, die Strategie für dessen Digitalisierung entwerfen und ohne weiteren Zeitverlust die ersten Schritte dabei setzen. Du musst dafür nur wissen, was genau du mithilfe der sozialen Medien erreichen willst. Du musst wissen: Was ist mein Ziel? Auch dabei wird dich die Lektüre dieses Buches inspirieren, indem es dir neben möglichen Zielen auch verschiedene Wege, deine Ziele zu erreichen, anbietet.

Was immer du in den sozialen Medien vorhast: Es ist höchste Zeit, damit anzufangen, aber es ist noch nicht zu spät. Glaube daran und bleibe flexibel! Es kann deine Zukunft sichern und es wird ein faszinierendes Abenteuer sein. Ich wünsche dir viel Erfolg dabei und viel Spaß beim Weiterlesen!

DIE SOZIALEN MEDIEN IM TEST

Geld verdienen mit den sozialen Medien – aber mit welchem Medium? Was bringt mehr, die Klassiker wie Facebook, Instagram und YouTube, oder doch die Hidden Champions wie Pinterest oder LinkedIn? Ein Überblick, der dir die Wahl erleichtert.

Am Beginn jeder Social-Media-Strategie muss diese Frage stehen:

Welches soziale Medium passt am besten zu meiner Idee?
Mit welchem zweiten könnte ich es kombinieren?

Die folgende Analyse hilft dir, die richtige Wahl zu treffen.

DIE STÄRKEN UND SCHWÄCHEN VON FACEBOOK

2004 gegründet, ist *Facebook* so etwas wie die Mutter aller sozialen Medien. In den vergangenen Jahren hat sich die Plattform zu einem Milliardenkonzern entwickelt.

Interessanterweise finden sich unter den stärksten *Facebook*-Accounts einige Unternehmen. Platz 1 hält mit rund 210 Millionen Likes *Facebook* selbst, auf Platz 2 liegt *Samsung* mit rund 160 Millionen und Platz 5 hält *Coca Cola* mit 107 Millionen Likes. Doch abseits dieser Gigantomanie gibt es auch hunderttausende User, die laufend gute

Geschäfte mit *Facebook* machen. *Facebook* ist zu einer Art riesigem Marktplatz geworden, zu einer Industrie, von der auch du profitieren kannst, wenn deine Idee dorthin passt.

Hier sind die Vor- und Nachteile von *Facebook*, die du kennen solltest.

Vorteil eins. *Facebook hat die meisten User.* 2,5 Milliarden sind es, die zumindest einmal im Monat auf der Seite sind. Das bedeutet, dass du nirgends so viele verschiedene Menschen quer durch fast alle gesellschaftlichen Gruppen erreichen kannst wie hier.

Vorteil zwei. *Facebook hat die kaufkräftigste Community.* Die User sind entsprechend ihrer großen Zahl bunt gemischt, bloß ein Trend zeigt sich deutlich: Auf *Facebook* sind eher beziehungsweise auch die älteren Generationen zu finden. »Älter« ist dabei relativ, denn gemeint ist die Altersgruppe ab 35 Jahren. Diese Gruppe entwickelt sich gerade zur Kernzielgruppe von *Facebook*.

Das bedeutet auch, dass *Facebook*-User im Schnitt kaufkräftiger sind als die User von sozialen Medien wie *Instagram*, wo der Altersschnitt niedriger ist. Wer also Wellness-Urlaube, edle Weine oder Elektro-SUVs verkaufen will, ist bei *Facebook* gut aufgehoben, wer Gaming-Apps, Nachhilfeunterricht oder einen Club promoten will, wird hier alleine nicht die besten Ergebnisse erzielen.

Vorteil drei. *Facebook hat die meisten Werbemöglichkeiten.* Die große Zahl der User ermöglicht es *Facebook*, sie in viele kleine Zielgruppen zu unterteilen und dementsprechend vielfältige Werbemöglichkeiten anzubieten. Diese Zielgruppen lassen sich klar definieren. Denn *Facebook* weiß dank der Datenspuren, die User unaufhörlich hinterlassen, relativ genau, was sie denken, was sie mögen, was sie gerne kaufen und wie sie ihre Freizeit verbringen.

Dieses Wissen stellt *Facebook* nicht nur Firmen wie einst *Cambridge Analytica* zur Verfügung, die damit Wahlen beeinflussen. Ein großer Teil dieses Wissens ist auch dir zugänglich, wenn du auf *Facebook* Reichweite aufbauen und sie zu Geld machen willst.

Der Betreiber von *Boutique A* zum Beispiel könnte sagen: Ich will alle Männer ansprechen, die sich im Umkreis von 300 Metern meiner Boutique befinden, 35 bis 65 Jahre alt sind, ein überdurchschnittliches Monatseinkommen beziehen und tendenziell Markenware mögen.

Facebook überträgt diese Möglichkeiten auch automatisch an sein Tochterunternehmen *Instagram*, da sich auf *Instagram* nur über ein eigenes *Facebook*-Werbekonto Anzeigen schalten lassen. Großes Alleinstellungsmerkmal von *Facebook* ist also, ein wirklich effizientes und mächtiges Werbeanzeigen-Tool zu sein.

Vorteil vier. *Facebook eignet sich für Marktforschung.* Die Plattform ist beim Geldverdienen mit sozialen Medien auch deshalb ein »Must-Have«, weil du damit deine Produkte perfekt testen kannst. Bei *BËRGSTEIGER* zum Beispiel konnten wir via *Facebook* herausfinden, wer die Menschen sind, die Eispickel-Armbänder kaufen. Wie alt sind sie? Sind es eher Männer oder Frauen? Leben sie eher in Städten oder am Land? Wie viel verdienen sie? Was für Vorlieben abseits des Bergsteigens haben sie noch? Um welche Zeit sind sie am besten erreichbar? All diese Informationen helfen dir dabei, deine *Facebook*-Werbung Schritt für Schritt effizienter zu machen und damit die Ausgaben zu senken und die Einnahmen zu steigern.

Wenn du solche Informationen haben willst, definierst du einfach einige Test-Kampagnen, beobachtest, welche am besten funktioniert, experimentierst herum, bis du weißt, wer und wie deine Kunden sind und sprichst sie dann mit maßgeschneiderten Kampagnen im großen Stil an.

Bei diesem Experimentieren wirst du einige Überraschungen erleben. Bei der ersten *BËRGSTEIGER*-Kappe zum Beispiel konzentrierten wir uns zunächst auf Männer. Bis wir dank *Facebook* bemerkten, dass rund sechzig Prozent der Kappen Frauen kauften, vermutlich als Geschenk für ihre Partner. Ein *BËRGSTEIGER*-Perlenarmband wiederum kauften vor allem Männer. Wir änderten die Einstellungen unserer *Facebook*-Werbung dementsprechend und konzentrierten uns dabei auf das jeweilige Geschlecht.

Beim Experimentieren ist allerdings wichtig, dass du so viele Zielgruppen wie möglich definierst und separierst, da du bei einer zu breiten Definition falsche Schlüsse ziehen könntest. Wenn du beispielsweise mit deinen Accessoires Frauen zwischen 18 und 35 Jahren ansprichst, legst du nicht diese Altersspanne, sondern idealerweise mehrere Gruppen innerhalb dieser Altersspanne an: 18 bis 22 Jahre, 23 bis 27 Jahre, 28 bis 32 Jahre. So liest du nicht nur schneller Tendenzen ab, sondern kannst auch erfolglose Gruppen deaktivieren, ohne den Rest zu beeinflussen.

Vorteil fünf. *Facebook wächst weiter.* Gerüchte darüber, dass es sich nicht mehr lohnt, in *Facebook* zu investieren und dass die Plattform ihre große Zeit hinter sich hat, sind falsch. *Facebook* wächst und hat definitiv Zukunft. Es ändert sich vielleicht die Verteilung der User in den Altersgruppen, da sich immer mehr ältere Nutzer dort wiederfinden (und auch einige Kinder vor ihren Eltern flüchten, wenn die sich auf *Facebook* registrieren), nicht aber die grundsätzliche Popularität der Plattform.

Vorteil sechs. *Die Benutzung ist relativ einfach.* Das Gestalten und Hochladen von Bildern, Videos und Texten kriegt wirklich jeder hin, der das will. Wenn du einen *Facebook*-Account betreibst und dabei zunächst auf die (mittlerweile stark eingeschränkte) organische Reichweite setzt, musst du nur wenige Grundsätze berücksichtigen. Der wichtigste lautet: Poste regelmäßig, also zum Beispiel zwei- bis dreimal die Woche. Auf diese Weise nimmt dich der Algorithmus eher wahr und spielt deine Posts an mehr Menschen, die deiner Seite folgen, aus.

Was nicht bedeutet, dass mehr *Facebook*-Posts immer auch mehr Reichweite bringen. Der *Facebook*-Algorithmus ist so programmiert, dass er die Reichweite deiner einzelnen Posts wieder herunterfährt, wenn du aus seiner Sicht zu viele Inhalte postest, auf die niemand reagiert. Der Algorithmus will schlussendlich den Usern jene Inhalte liefern, die am besten zu ihren aktuellen Bedürfnissen passen, da sein Ziel ist, die Verweildauer auf *Facebook* und die Zufriedenheit der Nutzer zu verbessern.

DIE NACHTEILE VON FACEBOOK

Nachteil eins. *Bezahlschranken für die Reichweite.* Die Zeiten, in denen zum Beispiel BERGSTEIGER entstand, sind wie gesagt vorbei und sie liegen noch gar nicht so lange zurück. Um selbst Geld zu verdienen, stellte *Facebook* Schranken für die organische Reichweite von Posts auf. Noch vor wenigen Jahren erreichten *Facebook*-User ihre Follower ganz von selbst, also zu großen Teilen organisch, mit ihren Posts. Wollen sie jetzt an ihre eigene Community herankommen oder neue Follower gewinnen, müssen sie bezahlen. Heute erreichst du unbezahlt meist nur unter drei Prozent deiner Community.

Nachteil zwei. *Die Konkurrenz ist groß.* Es gibt auf *Facebook* immer auch eine Menge andere User, die mit der Plattform Geld verdienen wollen und deshalb um die Aufmerksamkeit des gleichen Publikums kämpfen. Viele davon sind auch Großunternehmen mit ebenso großen Budgets. Der Algorithmus ist deshalb komplexer geworden. Er sorgt dafür, dass sich die Werbung gleichmäßig verteilt und für die User nicht zu aufdringlich wird. Wäre der Feed, in dem die Beiträge erscheinen, mit zu viel Werbung überladen, würde das schließlich zur Frustration der Nutzer führen und das Wachstum von *Facebook* gefährden.

Das Werbeanzeigen-Tool von *Facebook* ist deshalb relativ kompliziert. Wenn du auf *Facebook*-Ads, also auf *Facebook*-Werbung setzt, musst du dich in einige Details vertiefen und brauchst etwas Know-how. Zum Beispiel dabei, unter den Vorschlägen von *Facebook* für die Definition der Zielgruppe die richtigen zu wählen. Dazu kommt, dass der Algorithmus sein Verhalten ständig ändert und Normal-User kaum Zugang zu Informationen darüber haben, wie er sich wann verhalten wird. Er bleibt für sie eine schwer kalkulierbare Macht im Hintergrund.

Hier gibt es aber aktuell auch einen positiven Trend. Der *Facebook*-Algorithmus nimmt dir beim Werben immer mehr Entscheidungen ab. Du musst grundsätzlich nicht mehr selbst bis ins letzte Detail genau einstellen, an welche User *Facebook* deine Posts ausspielen soll, weil der Algorithmus selbst inzwischen gut erkennt, wer in die Zielgruppe dafür fallen könnte und wer nicht. Wenn du Einstellungen vornimmst, verbessert der Algorithmus im Hintergrund deine Einstellungen nach seiner Erfahrung und spielt deinen Post denjenigen Usern zu, die sich am ehesten dafür interessieren könnten. Der *Facebook*-Algorithmus wird laufend weiterentwickelt, ist mittlerweile extrem intelligent und weiß viel mehr, als wir uns vorstellen können.

Bei zu unpräzisen Einstellungen bleibt allerdings der Nachteil, dass nur der Algorithmus weiß, was gut funktioniert hat, wodurch die selbständige Reproduzierbarkeit leidet.

Nachteil vier. *Werbung kann Kreativität nicht ersetzen.* Auf *Facebook* kannst du über sogenannte »Page Like Ads« (Anzeigen, mit denen du mehr »Gefällt mir«-Angaben für deine *Facebook*-Seite erzielst) relativ leicht neue Abonnenten gewinnen. Wenn du *Facebook*-Ads einsetzt, musst du trotzdem die Spielregeln für organischen Erfolg einhalten, also die richtige Zahl richtig gestalteter, nützlicher, spannender oder berührender Posts zur richtigen Zeit produzieren. Denn der *Facebook*-Algorithmus steht vor einem Dilemma: Er muss, verkürzt gesagt, entscheiden, welchem von zwei oder mehr Usern, die zur gleichen Zeit die gleiche Zielgruppe bewerben, er den Vorzug gibt, wer von ihnen also mit seinen Posts beim Publikum sichtbarer ist.

Denken wir an eine Steuerberaterin, die alle drei Monate etwas postet und dafür im Schnitt je zehn Likes bekommt. Und an eine Steuerberaterin, die zweimal die

Woche postet und jeweils achtzig Likes bekommt. Wenn beide das gleiche Werbebudget haben, wie oft soll der Algorithmus dann welchen Post ausspielen? *Facebook* kann nicht anders, als die versiertere und fleißigere Userin zu bevorzugen.

Die Vor- und Nachteile von Facebook im Überblick:

- 👍 Viele User in allen Altersgruppen.
- 👍 Kaufkräftige Zielgruppen.
- 👍 Mächtiger Werbeanzeigenmanager.
- 👍 Perfekt für Marktforschung.
- 👍 Anhaltendes Wachstum.
- 👍 Einfache Benutzung im organischen Bereich.

- 👎 Niedrige organische Reichweite.
- 👎 Junge Zielgruppen lassen sich effizienter auf anderen sozialen Medien erreichen.
- 👎 Große Konkurrenz: Viele Unternehmen, auch große, kämpfen um die Aufmerksamkeit der gleichen User.
- 👎 Der Algorithmus ändert sich häufig und ist intransparent.

Fazit. *Facebook* gehört zur Social-Media-Grundausstattung. Auch *Facebook* hat Nachteile, aber einen guten *Facebook*-Account zu betreiben zahlt sich vor allem beim Geldverdienen mit Endverbrauchern für fast alle Branchen aus.

DIE VOR- UND NACHTEILE VON INSTAGRAM

2010, also sechs Jahre nach dem Launch von *Facebook*, stellten der Programmierer Kevin Systrom und der Software-Entwickler Mike Krieger *Instagram* in die App-Stores. Keine zwei Jahre später waren sie schwer reich. Denn *Facebook* bezahlte für die Plattform, die damals zwölf Mitarbeiter und kein Geschäftsmodell hatte, eine Milliarde Dollar. Hier sind die Vor- und Nachteile von *Instagram*.

Vorteil eins. *Gute Erreichbarkeit der jungen Zielgruppen.* Die Kernzielgruppe von *Instagram* ist mit 16 bis 35 Jahren jünger als die von *Facebook* und war zunächst klar abgegrenzt. Als *Facebook*-Tochter entwickelte *Instagram* aber Berührungspunkte mit *Facebook*, weshalb das Publikum seit der Übernahme allmählich breiter wird. Wer Geschäfte mit 16- bis 35-Jährigen machen will, ist auf *Instagram* trotzdem noch immer richtig. Viele Social-Media-User dieser Altersgruppe deaktivieren sogar ihre *Facebook*-Accounts, um nur noch auf *Instagram* unterwegs zu sein. Eine Party, bei der auch die Eltern dabei sind, ist eben immer nur halb so lustig.

Vorteil zwei. *Die organische Reichweite ist besser als auf Facebook.* Der Mutterkonzern *Facebook* ist zwar wie gesagt dabei, auch auf *Instagram* der organischen Reichweite Bezahl-Grenzen zu setzen, doch das geht nur schrittweise und langsam voran. Die Möglichkeiten, ohne Einsatz von Geld eine Community aufzubauen und sie dann auch regelmäßig zu erreichen, sind auf *Instagram* noch immer besser als auf *Facebook*. Einfach regelmäßig attraktiven Content zu posten und damit eine Community aufzubauen funktioniert hier noch.

Instagram arbeitet dafür mit anderen Tricks, die User zum Bezahlen zwingen. Links zu Websites oder Online-Shops kannst du hier, anders als bei *Facebook*, nicht posten. Das geht nur mit Werbeanzeigen, die immer eindeutig als solche gekennzeichnet sind.

Auch in deinem eigenen Profil, in deiner Biografie (kurz »Bio«), kannst du nur einen einzigen Link hinterlegen, was deine Möglichkeiten, ohne Werbebudget Kunden zu erreichen, schmälert.

Tipp: Mit Tools wie *Linktree* kannst du allerdings hinter deinem Link in der Bio eine kleine, optimierte Website mit wiederum mehreren Links hinterlegen. *Instagram* schaltet dir erst bessere Verlinkungsmöglichkeiten frei, sobald du mehr Abonnenten hast. So bekommst du ab 10.000 Abonnenten eine »Swipe up«-Funktion in deiner Story, die deine Verlinkungs-Möglichkeiten verbessert.

Vorteil drei. *Auf Instagram gibt es nützliche Tools wie Hashtags, Stories, IGTV und Reels.* Wie auch *Facebook* bietet *Instagram* die Verwendung von Hashtags an. Während sie auf *Facebook* bisher so gut wie keine Relevanz haben, besteht dadurch auf *Instagram* eine realistische Chance, die passende Zielgruppe auch ohne Werbegeld zu erreichen. Denn *Instagram* bietet die Möglichkeit, Hashtags zu abonnieren. Ich bin oft überrascht, wie gut das noch immer funktioniert, mit den richtigen Hashtags auf sich aufmerksam zu machen und die Community zu erweitern: Du verwendest im Text deines nächsten Beitrags einfach einige Hashtags mit Schlagwörtern zum dazugehörigen Thema, zum Beispiel *#steigauf*, und der Beitrag wird zur Hashtag-Bibliothek von *Instagram* hinzugefügt. Der nächste User, der über die Suchfunktion nach denselben Hashtags sucht, wird auch deinen Beitrag finden und mit nur ein paar weiteren Klicks auf deinem Account landen.

Ratsam ist es jedoch, nicht gleich einen eigenen Hashtag zu erfinden und ausschließlich diesen zu verwenden, sondern auch jene zu nutzen, denen schon viele Nutzer folgen. Zum Beispiel, im Fall von *BERGSTEIGER*, *#bergsteigen #berge #bergsport #steigauf*. Die User, die den ersten drei Hashtags folgten, wurden nach und nach auch auf den von uns kreierten *#steigauf* aufmerksam. Zuletzt verwendete ihn die Community mehr als neunzigtausendmal pro Tag.

Stories bietet inzwischen auch *Facebook* an, aber auf *Instagram*, wo die Idee entstand, erfüllen sie ihren ursprünglichen Sinn besser. Sie verschwinden nach 24 Stunden wieder, weshalb Follower ihnen besondere Aufmerksamkeit schenken. Aus Angst, sie könnten entscheidende Neuigkeiten für immer verpassen, klicken sich die meisten User laufend durch die Stories, die zudem prominent in der Intagram-App platziert sind.

IGTV ist quasi das »*YouTube* von *Instagram*«. Hier kannst du bis zu zehnminütige Videos posten beziehungsweise hochladen, die permanent verfügbar bleiben. Abgerundet hat *Instagram* sein Video-Repertoire mit Reels, das an *TikTok* angelehnt ist (so wie *Instagram*-Stories von *Snapchat* inspiriert wurden) und die dir eine Möglichkeit bieten, 15-sekündige Videoclips zu drehen, in denen du etwas Komisches oder Unterhaltsames tust.

Hashtags, Stories, IGTV und Reels geben dir die Möglichkeit, deine Zielgruppe kreativ einzukreisen, intensiver mit ihr zu interagieren, zum Beispiel mit Umfragen und Abstimmungen besser kennenzulernen und deinen Mehrwert besser zu transportieren.

Kommen wir zu den Nachteilen von *Instagram*:

Nachteil eins. *Kreativität ist auf Instagram noch wichtiger als auf Facebook. Instagram* bietet keine »Page Like Ads« an. So zwingt die Plattform ihre User, bessere Inhalte zu produzieren, um Bekanntheit beziehungsweise Abonnenten aufzubauen. Wobei vor allem die visuelle Attraktivität gefragt ist. Denn *Instagram* ist ein Bild, und kein Textmedium. Es gibt zwar Text, aber wenig, und er spielt meist eine untergeordnete Rolle. Was auch Vorteile haben kann: Wenn du dir mit Fotos und Videos leichter tust als mit Worten, bist du auf *Instagram* sicher besser aufgehoben als auf *Facebook*.

Nachteil zwei. *Instagram-User sind untreu.* Was auf *Instagram* passiert, wenn es einem Account an Kreativität mangelt, ist klar. Die Entfolge-Rate ist dort hoch, viel höher als auf *Facebook*. Das heißt, die *Instagram*-Follower sind besonders anspruchsvoll, unstet und untreu. Wer auf *Facebook* einmal eine Seite gelikt hat, entlikt sie nicht mehr so leicht. Überzeugt hingegen ein *Instagram*-Account Follower nicht, entfernen sie das Abo schnell einmal. *Instagram* macht ihnen das Entfolgen auch leichter als *Facebook*.

Das führt dazu, dass die Zahl deiner Follower trotz vieler Aktivitäten und Neuzugänge gleichbleiben kann. Es kommen zwar hundert neue dazu, aber gleichzeitig haben sich hundert bestehende verabschiedet. Ein schlechter Post oder nervige Stories richten also auf *Instagram* mehr Schaden an als auf *Facebook*.

Nachteil drei. *Auf Instagram ist viel Aktivität gefragt.* Die Dynamik auf *Instagram* ist, vielleicht auch wegen des niedrigeren Durchschnittsalters der User, höher. Wenn du dort etewas erreichen willst, kommst du mit den auf *Facebook* erforderlichen zwei bis drei Posts die Woche nicht aus. Ein Post pro Tag ist besser, am besten kombiniert mit mehreren Stories pro Woche. Wenn du mit *Instagram* Geld verdienen willst, musst du also mehr Ideen, Aufmerksamkeit und Zeit investieren als auf *Facebook*. Die Herausforderung ist, mehr Berührungspunkte mit deiner Zielgruppe zu schaffen, ohne dabei lästig zu werden.

Die Vor- und Nachteile von Instagram im Überblick:

👍 Reichweite auch ohne Werbebudget möglich.

👍 Visuell attraktive Inhalte punkten.

👍 Einfache Bedienung.

👍 Hashtags, Stories, IGTV und Reels helfen, die Reichweite zu erhöhen und zu sichern.

👎 Follower können schnell verloren gehen.

👎 Hohe Frequenz an Postings notwendig.

👎 Verlinkungsmöglichkeiten sind ohne Werbeanzeigen stark eingeschränkt.

Fazit. Für Geschäftsmodelle, die sich an jüngere Zielgruppen richten, ist *Instagram* eine attraktive, wenn auch im Hinblick auf den zeitlichen Aufwand und die kreativen Anforderungen anspruchsvolle Lösung. Dem Stress, immer am Ball bleiben zu müssen, steht gegenüber, dass sich Reichweite auch noch organisch erzielen lässt.

DIE STÄRKEN UND SCHWÄCHEN VON YOUTUBE

YouTube ist ein Jahr jünger als *Facebook*. 2005 gegründet, ist die Plattform seit 2006 eine Tochtergesellschaft von *Google*. 2019 erzielte *YouTube* Milliarden Dollar Jahresumsatz, vor allem durch das Abspielen von Werbespots.

Vorteil eins. *Auf YouTube hast du viel Zeit, Dinge zu erklären oder zu zeigen.* Hier darf ein Video auch eine Stunde oder länger dauern, solange es Dinge enthält, die eine bestimmte Zielgruppe wissen, lernen oder einfach sehen will. Ausführliche Videos funktionieren auf *YouTube* deshalb, weil die User im Gegensatz zu *Facebook* oder *Instagram* auch eine besonders hohe Aufmerksamkeitsspanne mitbringen. Denn *YouTube* ist eine Suchplattform. User suchen gezielt nach bestimmten Inhalten und investieren dann auch entsprechend viel Zeit, um sich die ihren Interessen entsprechenden Videos anzusehen.

Während du auf *Facebook* oder *Instagram* ständig darum kämpfen musst, Follower zu finden und zu behalten, finden auf *YouTube* die User dich. Immer vorausgesetzt, deine Videos bieten einen Mehrwert.

Instagram hat wie gesagt diesen Vorteil erkannt und versucht, mit IGTV (*Instagram TV*) *YouTube* Konkurrenz zu machen. Das funktioniert allerdings nur mäßig. Denn *YouTube* ist als eindeutiger Vorreiter, der sich mit seiner mächtigen Muttergesellschaft *Google* ständig weiterentwickelt, zu stark.

Vorteil zwei. *YouTube hat wie Facebook ein breit gestreutes Publikum.* (Fast) alle nutzen *YouTube*. Die Zielgruppen dort sind so breit gestreut wie bei *Facebook*. Sie reichen quer durch alle Gesellschaftsschichten und Altersklassen. Selbst bei den Jüngsten, den Kindern, ist *YouTube* stark. Kein anderes soziales Medium deckt alle Generationen so gut ab.

Vorteil drei. *Die Werbemöglichkeiten sind dank Google sehr gut.* Werbung ist umso effizienter, je mehr ein soziales Medium über seine User weiß, und wahrscheinlich weiß die *YouTube*-Mutter *Google* von allen großen Datenkraken am meisten über alle Menschen in allen Ländern. 3,5 Milliarden Suchanfragen laufen täglich über *Google* und mit jeder davon kann die Suchmaschine sein Bild von den jeweiligen Usern perfektionieren.

Jemand sucht einen Arzt in seiner Umgebung und googelt anschließend »niedriger Blutdruck, was hilft?«. *Google* ordnet diesem User die Eigenschaft »niedriger Blutdruck« zu. Er passt damit genau in die Zielgruppe eines Herstellers von natürlichen Blutdruckregulatoren, die zum Beispiel Kalium, Kakao, Olivenblätter und Polyphenole aus Oliven enthalten. Dieser Hersteller kann nun dafür sorgen, dass seine Videos in der Vorschlagsliste des an niedrigem Blutdruck leidenden Users ganz oben stehen. Diese Videos können dann zum Beispiel Tipps wie Wechselduschen und viel Bewegung an der frischen Luft enthalten, sowie im Bereich Ernährung die Empfehlung von Seefisch, zwei Gläsern Rote-Beete-Saft die Woche und Salzgebäck in Akutsituationen. Und natürlich seine rezeptfreien Heilmittel, samt Link zu seinem Webshop.

Vorteil vier. *Gute Chancen trotz großer Konkurrenz.* Die verbreitete Meinung, dass sich mit *YouTube* angesichts der enormen Zahl dort verfügbarer Videos kein Geld mehr verdienen lässt und die Plattform gegen *Instagram* und

Facebook keine Chance mehr hat, ist falsch. In einem durchschnittlichen Monat sehen sich acht von zehn 18- bis 49-Jährigen Videos auf *YouTube* an. Allein auf mobilen Endgeräten erreicht *YouTube* ein größeres Publikum als Nachrichtensender und Kabelfernsehen.

Ständig tauchen Phänomene auf, die zeigen, was alles möglich ist. So wie der 2011 geborene Ryan Kaji, der auf mittlerweile 1.700 Videos neues Spielzeug testet, mit 26,5 Millionen Abonnenten auf 42 Milliarden Aufrufe im Jahr kommt und damit mehr als 20 Millionen Dollar verdient.

Inhalte und User haben sich in den vergangenen Jahren verändert, aber das Prinzip *YouTube* funktioniert weiterhin. Manche Bereiche wirken schon weitgehend gesättigt. Im Fitness-Bereich oder beim Kochen etwa haben es schon so viele *YouTube*-User weit gebracht, dass der Eindruck entstehen kann, dieses Feld sei besetzt. Doch selbst da ist immer noch etwas möglich. Die erwähnte Hobbyköchin, bei der ich die niederösterreichischen Mohnzelten entdeckte, belegt das. Was sie macht ist nichts Neues und nicht einmal professionell, aber sie macht es mit Hingabe und es funktioniert verblüffend gut. Doch auch Spezialisierung funktioniert. Es gibt *YouTube*-Kanäle, die sich nur Kinderwägen widmen und tausende Abonnenten haben.

Wenn du deine persönliche Note einzubringen verstehst und dich etwas von der Masse abhebst, kannst du auf *YouTube* noch immer viel erreichen. Manche Bereiche sind zu einem bestimmten Zeitpunkt vielleicht tatsächlich ziemlich ausgelastet, aber es gibt immer andere, die gerade erst oder wieder im Kommen sind, und dieser Prozess ändert sich ständig. Neue Produkte tauchen auf und neue Trends entwickeln sich. Die Welt der sozialen Medien ist viel zu dynamisch, als dass irgendwann irgendwelche Bereiche auf lange Zeit fix vergeben wären. Neue Fragen tauchen auf, die neuer Antworten bedürfen.

Wenn du heute anfängst, auf *YouTube* Videos zu posten, ist es nicht ausgeschlossen, dass du in drei Jahren dreihunderttausend oder noch mehr Abonnenten hast, vorausgesetzt, du triffst die Interessen deiner Zielgruppe und bleibst dran. Wenn du internationales Publikum ansprichst, hast du noch bessere Chancen, eine große Community aufzubauen, dann können es irgenwann auch mehrere Millionen Abonnenten sein.

Der amerikanische Traum hat sich über die sozialen Medien digitalisiert und über die sozialen Medien globalisiert und YouTube spielt dabei eine bedeutende Rolle. YouTube ist eine lebendige Plattform, auf der ständig neue Chancen entstehen.

Vorteil fünf. *Auf YouTube lässt sich organische Reichweite noch gut erzielen.* Anders als *Facebook* oder auch *Instagram* zieht *YouTube* bei der Reichweite kaum Grenzen ein. *YouTube* verbessert die Auffindbarkeit beworbener Videos, beschränkt aber nicht die anderer. Jedes auf *YouTube* gepostete Video ist, wenn die dafür eingegebenen Stichworte stimmen, auch für alle, die nach den betreffenden Stichworten suchen, auffindbar. Du bleibst dem normalen Wettbewerb mit anderen Videos und somit dem *YouTube*-Algorithmus ausgesetzt, weshalb du auch erst als dreißigstes Ergebnis auf Seite vier zu finden sein kannst. Der Titel und die Stichwörter sind entscheidend und der Algorithmus beobachtet vor allem in den ersten 14 Tagen nach dem Hochladen, wie gut dein Video ankommt.

So banal es klingt, aber was bei *YouTube* vor allem zählt, ist noch immer Qualität. Besonders, wenn du am Anfang stehst, noch keine Einnahmen hast und für Werbegeld in die eigene Tasche greifen musst, ist das interessant. Ich meine damit nicht professionellen Schnitt, perfekte Ausleuchtung oder besonders lichtdurchlässige Linsen. Vielmehr gelten im Prinzip alte journalistische Spielregeln: Das Video muss sein Publikum sofort, also bereits in den ersten Sekunden, abholen und mitnehmen oder jedenfalls seinen Zweck bestmöglich erfüllen.

Wenn du ein Video für *YouTube* produzierst, solltest du deshalb zuvor deine Hausaufgaben machen. Kläre für dich, was genau du wem und wie sagen willst und was der Nutzen deines Videos ist. Dann fehlen dir nur noch die erwähnten richtigen Schlagwörter. Viel mehr brauchst du nicht, um auf *YouTube* Erfolg zu haben.

Vorteil sechs. *YouTube eignet sich auch zur Digitalisierung etablierter analoger Unternehmen.* YouTube ist vor allem als Plattform bekannt, auf der Influencer stark werden und gut verdienen können. Weshalb analoge Unternehmer, Hersteller und Händler, die Plattform eher meiden. Auf die Influencer als Werbepartner wollen sie sich oft nicht einlassen und darüber hinaus hat *YouTube* nichts mit ihrem Geschäftsmodell zu tun, denken sie. Und liegen damit falsch.

Auch sie sollten darüber nachdenken, wie sie über *YouTube* ihre bestehenden Kunden erreichen und neue gewinnen können. Selbst dann, wenn sie sich gar nicht an Endverbraucher, sondern an Geschäftskunden wenden. Tutorial-Videos zum Beispiel sind einfach und günstig herzustellen und doch gefragt. Wie benutze ich ein Produkt? Wo kommt es zum Einsatz? Wie sieht es in der Verwendung aus? Genau diese Fragen stellen sich potentielle Kunden und genau hier kann eine *YouTube*-Präsenz wahre Wunder bewirken.

Wobei »einfach herzustellen« auch bei Tutorial-Videos relativ ist. Auch hier ist Kreativität gefragt. Oft genug wundere ich mich, wie emotionslos und stocksteif Unternehmen dabei agieren. Die meisten haben hier schon bei der Konzeption ein Brett vor dem Kopf. Wer sagt eigentlich, dass ein Tutorial-Video staubtrocken sein muss und aufdringlich Produkte verkaufen muss? Mit humorvollen Tutorials und der richtigen Person vor der Kamera lässt sich wertvolle Reichweite aufbauen und enorme Kaufkraft aktivieren.

Du darfst nicht den Fehler begehen und zu kurzfristig denken. Stell dir immer die Frage, ob sich deine User nicht nur dieses erste, sondern auch hundert solcher Videos anschauen würden. Dann wird dir schnell bewusst, dass niemand flache Werbevideos sehen will.

Vorteil sieben. *Die Konkurrenz ist noch vergleichsweise gering.* Das klingt angesichts der Millionen von Videos, die auf *YouTube* zu finden sind, vielleicht seltsam. Doch nur verhältnismäßig wenige Unternehmen betreiben einen guten *YouTube*-Kanal, der auch in Sachen Geldverdienen tatsächlich etwas bringt.

Einen meiner Lieblings-*YouTube*-Kanäle dieser Art macht *Carwow*, eine Vergleichsplattform für Neuwagen-Käufer. Carwow arbeitet mit Witz, und das funktioniert. Früher sah ich mir gerne die Sendung *auto mobil* auf *VOX* an, aber mittlerweile lösen frischere und lockerere *YouTube*-Angebote Sendungen wie diese ab und holen sich die Werbegelder der Autokonzerne, die ihre Neuheiten präsentieren wollen.

Vorteil acht. *YouTube* verfügt über eine beliebte und stark genutzte Kommentarfunktion, die ein direktes Feedback-Tool sein kann und über die du mit deiner Community kommunizieren und sie zusätzlich an dich binden kannst.

Nachteil eins. *YouTube ist aufwendig.* Die Aufgabe, brauchbare Videos herzustellen, wird oft unterschätzt. Spektakuläre Kameraausrüstungen sind dafür nicht mehr nötig, auch hier reicht dein Smartphone, dennoch erfordert das Filmen und Schneiden Geschick und Zeit.

Abonnenten durch Inaktivität zu verlieren oder sie durch Überaktivität zu vertreiben ist wie bei allen anderen Plattformen auch auf *YouTube* ein Thema. Hier liegst du mit etwa einem Video pro Woche richtig. Wobei das eben einfacher klingt, als es ist. Ein Video, das auf *YouTube* viele Aufrufe bekommen soll, ist in der Herstellung deutlich anspruchsvoller als ein *Facebook-* oder *Instagram-*Post. Dafür ist es auch nachhaltiger. Selbst über mehrere Jahre hinweg ist dein Video noch jederzeit aufrufbar.

Nachteil zwei. Das wachsende Werbeaufkommen und die damit verbundene Unterbrechung von Videos verärgert bereits viele User und hat sogar zu Spekulationen geführt, dass eine alternative Plattform, die mit weniger Werbung auskommt, *YouTube* irgendwann ablösen könnte. Sehr realistisch erscheint das im Moment nicht, dafür hat *YouTube* mit *YouTube Premium* eine werbefreie Nutzungsmöglichkeit gegen knapp zehn Euro pro Monat eingeführt. Allerdings reißen sich die Nutzer nicht gerade darum und bereichern das Netz mit Sprüchen dazu. Wie etwa: *»Die einzige Sache, bei der ich konsequent bleibe, ist wohl das Ablehnen von YouTube Premium.« #staystrong*

Die Vor- und Nachteile von YouTube im Überblick:

👍 Hohe Aufmerksamkeitsspanne der User.

👍 Qualität macht sich bezahlt.

👍 Organische Reichweite lässt sich leichter aufbauen.

👍 Breit verteilte Usergruppe in allen Altersschichten.

👍 Professionelle Werbemöglichkeiten.

👎 Kreativität oder Nützlichkeit der Inhalte sind essentiell.

👎 Content-Produktion ist aufwendig.

Fazit. Ein *YouTube*-Kanal funktioniert nur, wenn du wirklich etwas zu sagen, zu zeigen, oder zu erklären hast. Die Vorteile überwiegen bei *YouTube* dann, und wenn du ein passendes Produkt, eine passende Dienstleistung oder eine in Videos darstellbare Leidenschaft für etwas hat, solltest du es auf jeden Fall mit *YouTube* versuchen.

DIE VOR- UND NACHTEILE VON PINTEREST

Pinterest? Ist das überhaupt ein soziales Medium? Damit lässt sich Geld verdienen? Diese Fragen muss ich oft beantworten.

Zunächst einmal: Ja, *Pinterest* ist ein soziales Medium und ja, damit lässt sich auch Geld verdienen, und zwar ganz ordentlich. Die Plattform ist für mich ein klassischer »Hidden Champion«. Denn mit monatlich rund 380 Millionen Besuchern (Stand 2020) ist sie bei weitem noch nicht so bekannt wie andere soziale Medien.

Pinterest ist eine Online-Pinnwand für Grafiken und Fotografien. Text lässt sich zwar zu den Bildern hinzufügen, spielt aber eine untergeordnete Rolle. Sinn ist der visuelle Austausch über Hobbys und Interessen wie etwa Einrichtung, Gartengestaltung, Hochzeiten, Naturschauspiele und vieles mehr.

Registrierte User können Pinnwände erstellen und darauf ihre Fotos »pinnen«, andere User können die Bilder »repinnen«, also teilen und kommentieren. *Pinterest* ist im Prinzip eine Bildsuchmaschine, die ihren Usern oft als Inspirationsquelle, zum Beispiel für ihre eigenen *Facebook*- oder *Instagram*-Posts, dient.

Im Unterschied zu *Facebook* oder *Instagram* liken die *Pinterest*-User Posts, die ihnen gefallen, nicht. Es geht immer nur ums Pinnen und Repinnen. Repinnen viele User dein Bild, sorgt der Algorithmus dafür, dass es immer sichtbarer wird.

Pinterest funktioniert unter anderem deshalb so gut, weil der dahinterstehende Algorithmus in der Suchfunktion präzise Ergebnisse zum jeweiligen Thema liefert. Er versteht, was User suchen, und gibt ihnen genau das. In einigen Bereichen hat *Pinterest* sogar schon *Google* bei der Bildersuche eingeholt.

Wie Geldverdienen mit *Pinterest* geht, zeigt zum Bespiel eine Alutechnikfirma aus der Steiermark, die wir betreuen. Sie pinnt gut gemachte Fotos der Wintergärten, die sie herstellt. Außerdem repinnt sie andere Fotos von Wintergärten, sodass die ganze Pinnwand der Firma mit diesem Sujet gefüllt ist. Suchen nun potentielle Kunden auf *Pinterest* nach Wintergärten, liefert ihnen die Plattform mit hoher Wahrscheinlichkeit Pinns, die entweder von dieser Firma stammen oder die sie repinnt hat.

Das Geschäftsmodell von *Pinterest* selbst besteht derzeit noch vor allem darin, dass sich hinter einem Pin ein Link verbergen lässt. Wer auf das Foto klickt, gelangt auf eine Website, auf der er oder sie mehr Informationen findet, zum Beispiel über einen Wintergarten, seinen Hersteller, seinen Preis und vergleichbare Produkte des gleichen Herstellers.

Wie gesagt nutzten wir *Pinterest* auch beim Aufbau von *BERGSTEIGER*. Wir pinnten unsere eigenen Posts und repinnten andere Posts zu den Themen Bergwelt, Natur und Wandern. Weshalb uns der *Pinterest*-Algorithmus irgendwann als interessanten Content-Lieferanten einstufte und unsere Pinns nun bei Suchanfragen nach diesen Themen weit oben in der Liste stehen. Da es kaum andere User gibt, die so regelmäßig zu genau diesem Thema posten, erreichten wir monatlich bald mehr als 300.000 Betrachter mit unserer Pinnwand.

Zunächst lotsen wir die User über beeindruckende Fotos von Berg-Silhouetten mit einem inspirierenden Text auf unsere Website, wo sie in unserer *BËRGSTEIGER*-Produktpalette stöbern können. Anhand der auf unserer Website gewonnenen Daten können wir dann feststellen, welche Produkte die *Pinterest*-Nutzer besonders oft anklicken, suchen oder gar in den Warenkorb legen. Zum Beispiel die Sonnenbrille. Also pinnen wir zwischen all den Bergfotos einfach auch Fotos von unserer *BËRGSTEIGER*-Sonnenbrille und nutzen interessensbasierte Werbeanzeigen, um Käufe zu generieren.

Doch nun zu den Vor- und Nachteilen von *Pinterest*.

Vorteil eins. *Auf Pinterest herrscht noch Goldgräberstimmung.* Ich kenne kaum Unternehmen, die *Pinterest* bereits für ihre Geschäfte nutzen. *IKEA* beispielsweise stellte erst im November 2020 seine Produkte auf *Pinterest*, dafür gleich europaweit mehr als 100.000 davon. Das bedeutet, dass sich noch relativ leicht organische Reichweite erzielen lässt. Zwar sind dementsprechend auch die Werbemöglichkeiten noch begrenzt, aber sie entwickeln sich, und wenn du jetzt schon dabei ist, kannst du alle kommenden Neuerungen gleich vom Start weg nutzen und mit der Plattform mitwachsen.

Vorteil zwei. *Bei Pinterest sind die Anwendungsbereiche klar definiert.* Alles, was mit Architektur, Innengestaltung, Garten oder etwa Bergsteigen zu tun hat, also potenziell schöne Bilder abwirft, funktioniert auf *Pinterest* gut. Lassen sich Ästhetik und Inspiration bei etwas nicht in den Mittelpunkt stellen, ist es auf *Pinterest* fehl am Platz.

Vorteil drei. *Die Zielgruppe ist aktiv.* Wie auf *YouTube* suchen auch die User auf *Pinterest* von sich aus aktiv nach etwas und treten dadurch in intensivere Interaktion mit dem gebotenen Content als etwa auf *Facebook* oder *Instagram*, wo sie sich davon nur berieseln lassen.

Nachteil eins. *Ein Gefühl für Ästhetik ist Voraussetzung.* Wieder geht es um Kreativität, wobei hier ästhetisches Empfinden und fotografisches Können die Schlüssel zum Erfolg sind. Wenn du mit *Pinterest* Geld verdienen willst, musst du Produkte anzubieten haben, die sich ästhetisch eindrucksvoll in Szene setzen lassen, und du musst in der Lage sein, dieses Potenzial mit deiner Kamera auch zu nutzen.

Nachteil zwei. *Pinterest* erfordert eine hohe Frequenz an Postings. Du solltest dort im Idealfall drei- bis fünfmal täglich posten. Das klingt anstrengender als es ist, denn es ist nicht jedes Mal eigener Content erforderlich. Es reicht auch, andere Beiträge, die zum eigenen Thema passen, zu repinnen. Doch auch das erfordert Aufmerksamkeit, besonders, wenn du am Anfang noch keine Community hast, auf deren Pinnwänden du in Sachen Repinnen fündig werden kannst.

Die Vor- und Nachteile von Pinterest im Überblick:

👍 Noch wenig professionelle Konkurrenz.

👍 Gute Chancen, ein ganz neues Publikum zu erreichen.

👍 Gute Bilder bringen schnell organische Reichweite.

👎 Ästhetik kann auch viel Arbeit bedeuten.

👎 Täglich mehrfache Aktivität ist unerlässlich.

👎 Verhältnismäßig wenig Möglichkeiten im Werbeanzeigenbereich.

Fazit. Wirft dein Geschäftsmodell schöne Bilder ab, ist *Pinterest* eine attraktive Möglichkeit, neue, noch nicht mit Werbung übersättigte Zielgruppen anzusprechen. Ästhetik ist alles, doch nicht nur Architektur, Interieur oder Schmuck lassen sich schön fotografieren. Wenn du kreativ bist, schaffst du es zum Beispiel auch, Dienstleistungen wie Physiotherapie, Klarinettenunterricht oder Maniküre *Pinterest* zu präsentieren.

DIE VOR- UND NACHTEILE VON LINKEDIN

LinkedIn ist der zweite Hidden Champion der sozialen Netzwerke. Die Plattform, die seit 2016 *Microsoft* gehört, dient vor allem der Pflege bestehender und dem Knüpfen neuer Geschäftskontakte. *Linkedin* ist dementsprechend exklusiver als die anderen Netzwerke. Die 660 Millionen User verteilen sich auf 193 Länder und Regionen, wobei Europa mit 206 Millionen besonders stark vertreten ist, gefolgt von den USA mit 165 Millionen und Indien mit 62 Millionen.

Vorteil eins. *Klar abgegrenztes Einsatzgebiet.* Vor allem für Freiberufler wir Rechtsanwälte, Steuerberater, Architekten oder Immobilienmakler ist *Linkedin* ein Must-have. Über die Plattform lassen sich Mandanten und Klienten gewinnen, Mitarbeiter finden und jede Art geschäftlicher Kontakte schließen. Gleichzeitig können sich *Linkedin*-User selbst als Experten positionieren und ihr Firmenimage pflegen, indem sie regelmäßig nützliche Neuigkeiten aus ihrem Spezialgebiet posten. Insbesondere, wer B2B-Publikum ansprechen möchte, ist mit diesem Netzwerk am besten bedient.

Posts auf *Linkedin* setzen sich dabei zum Großteil aus einem kurzen Text, einem passenden Bild und einem Link, der zu einem Blog oder einer Website führt, zusammen. Auch Hashtags funktionieren auf der Plattform.

Vorteil zwei. *LinkedIn-User müssen nicht ständig neue Inhalte posten.* Der Leistungs- und Kreativitätsdruck, den die anderen Plattformen schaffen, ist wesentlich geringer, wenn du auf *Linkedin* nur mit einem Personen-Profil auftrittst.

Wie auf Instagram kannst du hier interessante Personen, nur eben welche aus der Wirtschaft, abonnieren und dich sogar mit ihnen über Kontaktanfragen vernetzen. So baust du dir dein eigenes berufliches Netzwerk digital auf. Personen, mit denen du im beruflichen Leben immer wieder zu tun hast, solltest du daher folgen. So hilfst du Linkedin dabei, deine Interessen besser zu verstehen und dir ähnliche Personen- und Unternehmensprofile vorzuschlagen, sobald der Algorithmus deine Themengebiete erkannt hat. Ein Medienunternehmer findet in seiner Vorschlagsliste dann zum Beispiel Medien- oder Datenschutzanwälte vor, eine Bautischlerei Baufirmen.

Ein bis zwei Beiträge pro Woche zu posten ist auf Linkedin schon ausreichend. Die müssen allerdings ins Linkedin-Konzept passen und geschäftlichen Mehrwert schaffen. Wer auf Linkedin Katzenvideos oder wertlose Inhalte postet, blamiert sich.

Unternehmen, die über Linkedin Kunden gewinnen möchten, sollten ein Unternehmensprofil pflegen, zumindest ein- bis zweimal pro Woche sinnvolle, zielgruppenorientierte Posts erstellen und auch ihre Mitarbeiter dazu anhalten, Linkedin-Profile anzulegen und bestehende Profile aufzuräumen. Wenn du als Unternehmer, Geschäftsführer oder Angestellter in Führungsposition das Netzwerk ernsthaft beruflich nutzen möchtest, empfehle ich dir, Linkedin Premium zu erwerben.

Du kannst dadurch nicht nur sehen, wer dein Profil besucht, sondern bekommst auch statistische Einblicke und erkennst zum Beispiel, welche deiner Aktivitäten Früchte tragen und welche nicht. Als Beispiel für ein personenbezogenes *Linkedin*-Profil, sieh dir einfach meines an:

linkedin.com/in/wolfgangdeutschmann

Nachteil. *LinkedIn ist relativ teuer.* Die Plattform bietet zwar gute Werbemöglichkeiten in Form von Werbeanzeigen, du musst aber tiefer in die Tasche greifen als bei den anderen sozialen Netzwerken. Die Reichweite, die sich auf *Facebook* mit 300 Euro erreichen lässt, kostet auf *Linkedin* rund tausend Euro. Wenn du dort werben willst, brauchst du also ein höheres Mindestbudget als auf *Facebook*, *Instagram* oder *Pinterest*, sonst lässt du es besser bleiben. Dafür ist Werbung dort, wenn sie richtig gemacht ist, besonders effektiv und kann viele hochwertige Kundenkontakte und Anfragen bringen.

Die Vor- und Nachteile von LinkedIn im Überblick:

👍 Anspruchsvolle, professionelle Zielgruppe.
👍 Sehr gute Networking-Möglichkeiten.

👍 Interessante und effektive Werbemöglichkeiten.

👍 Geringer Aufwand.

👍 Sehr gut für B2B-Kundenakquise

👎 Werbeanzeigen vergleichsweise teuer.

👎 Nur für bestimmte Berufsgruppen empfehlenswert.

Fazit. Während auf *Facebook, Instagram, YouTube* oder *Pinterest* Freizeit und Unterhaltung im Vordergrund stehen, geht es auf *Linkedin* ausschließlich um Business, Networking und Karriere. Wenn du zum Beispiel Wasserpistolen oder Katzenfutter verkaufen möchtest, solltest du auf einen Auftritt auf dieser Plattform verzichten.

EINE KURZE BEWERTUNG VON TIKTOK

TikTok hatte 2020 mehr als 800 Millionen monatlich aktive User, davon mehr als 100 Millionen in Europa, und gehört zu den am stärksten wachsenden sozialen Netzwerken, weshalb es zumindest einen kurzen Kommentar verdient. TikTok-User können Musikclips und andere Kurzvideos ansehen beziehungsweise selbst aufnehmen, mithilfe von Spezialeffekten und Filtern bearbeiten und posten. Die Plattform ist aufgrund von Bedenken bei Daten- und Jugendschutz und wegen möglicher Spionage zugunsten der chinesischen Regierung umstritten.

Die Hauptzielgruppe sind derzeit noch Kinder und Jugendliche, die mehrheitlich noch gar nicht geschäftsfähig sind. Vernünftige Werbemöglichkeiten sind angekündigt, bisher gibt es aber noch keine. Wer banales Entertainment bietet, Kabarettisten und Unterhalter ohne intellektuellen Anspruch, und wer das Netzwerk nicht als potenzielle Einnahmequelle, sondern als Multiplikator sieht, kann sich dort ein Publikum aufbauen. Nachdem TikTok noch sehr jung ist, sind die Chancen auf große Reichweite für null Euro sehr gut.

Wir als Unternehmen beobachten die Plattform, arbeiten aber nicht mit ihr und empfehlen sie dementsprechend auch unseren Kunden noch nicht. Sobald es professionelle Werbemöglichkeiten gibt, und sich nachhaltige Werbestrategien aufbauen und umsetzen lassen, werden wir uns das Netzwerk im Detail vorknüpfen. Wenn du auf dem Laufenden bleiben möchtest, kannst du gerne den Newsletter zu diesem Buch abonnieren:

cashbook.digital/newsletter

WIE VIELE SOCIAL-MEDIA-ACCOUNTS SIND GENUG?

Hast du Lust bekommen, mit deiner eigenen Social-Media-Strategie loszulegen und gleich mehrere soziale Medien als passend identifiziert? Warte noch und lies zuerst dieses kurze Kapitel.

Vielleicht hast du jetzt einen Eindruck davon gewonnen, welches soziale Medium am besten zu dir und deinem Vorhaben passt. Doch damit sind noch nicht alle Fragen zur Entscheidung zwischen *Facebook, Instagram, YouTube, Pinterest* und *Linkedin* beantwortet. Besonders häufig höre ich die Frage, die die Überschrift des Kapitels vorwegnimmt: Auf wie viele soziale Netzwerke soll ich setzen?

Eine pauschale Antwort darauf gibt es nicht. Du kannst diese Frage nur für dich selbst beantworten. Dabei geht es zunächst einmal darum, wie viel Aufwand du für die Betreuung deines Social-Media-Auftritts betreiben kannst. Um das herauszufinden, taste dich mit einem Account heran, und wenn er läuft und du noch zeitliche Ressourcen frei hast, nimm einen zweiten dazu. Der wichtigste Grundsatz lautet:

Was du machst, mach gründlich.

Auf mehr als zwei soziale Medien zu setzen ist deshalb selten sinnvoll. Das tun am ehesten Unternehmen mit fünf, sechs oder noch mehr Mitarbeitern, allein in ihrer

Social-Media-Abteilung, und mit einem Werbebudget, bei dem es darauf nicht ankommt.

Du setzt also am besten auf zwei Plattformen, die du intelligent kombinierst. Es bringt nichts, wenn du auf allen Kanälen vertreten bist, dann aber nur alle paar Wochen etwas postest, weil dir für mehr die Zeit fehlt. Gerade am Anfang überschätzen sich viele Unternehmen und verzetteln sich auf zu vielen Plattformen. Ein Fehler, der schwerer ist, als sie denken. Denn so, wie sich über die sozialen Netzwerke ein gutes Image aufbauen lässt, kann ein unprofessioneller Zugang auch ein schlechtes Image schaffen.

Setze auf Qualität statt auf Quantität.
Nutze lieber ein soziales Medium zu hundert
Prozent, als drei oder vier zu dreißig Prozent.

Hier einige Beispiele für sinnvolle Kombinationen anhand von Berufsgruppen:

Architekten: Für sie bietet sich eine Kombination aus *Instagram* mit *Pinterest* oder *LinkedIn* an. Auf *Instagram* oder *Pinterest* können sie Bilder und Designs posten und auf *LinkedIn* Kontakte zu möglichen Geschäftspartnern knüpfen. Auf allen drei Netzwerken können sie zudem Kundenkontakte durch bezahlte Werbung generieren.

Steuerberater: Für sie ist eine Kombination aus *Linkedin* und *YouTube* sinnvoll. Sie können zum Beispiel über *Linkedin* Kontakte zu Unternehmern, also potenziellen Kunden, erschließen und über *YouTube* Tipps aus ihren Spezialgebieten geben und nützliche Tricks zeigen, die beim Vermindern von Steuern helfen. Die Netzwerke lassen sich dadurch ideal gegenseitig befeuern. *Instagram* und *Pinterest* zu nutzen hat hier aber keinen Sinn, weil sich manche Dinge einfach nicht gut mit Fotos veranschaulichen lassen. Wenn Steuerberater auch *Facebook* nutzen wollen, kann das nicht schaden. Damit können sie über bezahlte Werbeanzeigen zum Beispiel erfassen, wer ihre Webseite besucht.

Modehändler: Für Besitzer einer Boutique bieten sich vor allem die Plattformen *Facebook* und *Instagram* an. Auf *Instagram* können sie auf Ästhetik und die Darstellung ihrer Produkte setzen und sich eine eigene Community aufbauen. Auf *Facebook* können sie die breiten Werbemöglichkeiten nutzen, die sich auch auf *Instagram* durchschlagen. Sie können so ihr Geschäft bei den im Hinblick auf Alter, Geschlecht, Kaufkraft, Wohnort und Geschmacksfragen richtigen Zielgruppen bekanntmachen.

Wichtiger Hinweis:

Die Zeit drängt. Je früher du anfängst, dein eigenes Social-Media-Business aufzubauen oder dein Geschäftsmodell mithilfe der sozialen Medien zu digitalisieren, desto besser. Doch wenn du unschlüssig bist, auf welches Netzwerk du setzen solltest, überlege lieber noch, wo deine Zielgruppe am ehesten zuhause ist. Diese Entscheidung wird dich lange begleiten und von ihr hängt es ab, ob du deine Zeit in die richtige Plattform steckst.

DIE ZIELGRUPPE MUSS VOR DEM PRODUKT DA SEIN

Manche unternehmerischen Prinzipien ändern sich nie. Begeisterung, Disziplin und Neugierde zum Beispiel haben Unternehmer schon immer vorangebracht. Doch sehr vieles ist in der neuen Welt der sozialen Medien ganz anders als es bisher war. Das Marketing zum Beispiel stellen sie völlig auf den Kopf.

»Warum Social Media? Im Marketing geht es nicht mehr um das, was Sie herstellen, sondern um die Geschichten, die Sie erzählen.«
Seth Godin (Online-Marketing-Experte)

Viele Start-up-Gründer, Unternehmer und auch Privatpersonen sitzen in Sachen soziale Medien einem fundamentalen Irrtum auf. Sie denken, sie könnten ein Produkt entwickeln oder aus ihrer aktuellen Produktpalette wählen und es prompt über soziale Medien vermarkten. Denn so lief es bisher. Es ging immer um diese drei Schritte:

Erstens. Jemand entwickelt ein Produkt.

Zweitens. Er bewirbt das Produkt mit Inseraten oder mit TV- und Radio-Spots.

Drittens. Er verkauft das Produkt an die Menschen, die durch die Werbung darauf aufmerksam geworden sind und es haben wollen.

Jahrzehntelang hat das wunderbar funktioniert, doch wer weiter allein darauf setzt, wird in seiner Entwicklung stehen bleiben und mit der alten Welt allmählich verblassen und schließlich verschwinden. Denn in den sozialen Medien läuft das, wie schon die Erfolgsgeschichte der Marke *BËRGSTEIGER* gezeigt hat, anders. Jetzt geht es immer um diese drei Schritte:

Erstens. Jemand baut eine Zielgruppe, eine Community, auf und bringt möglichst viel über sie in Erfahrung, lernt sie also möglichst genau kennen.

Zweitens. Er entwickelt ein Produkt, das er mit einigen Experimenten möglichst genau den Bedürfnissen der Zielgruppe anpasst.

Drittens. Mit den Daten, die ihm über seine Zielgruppe vorliegen, verkauft er ihr das Produkt.

Wären wir bei *BËRGSTEIGER* den alten Weg gegangen, hätte das niemals funktioniert. Wir hätten noch so schöne Brillen, Armbänder, Kappen oder T-Shirts mit einem »Ë« darauf mit noch so viel Werbung anbieten können, niemand hätte sie gekauft.

Zuerst Reichweite und Vertrauen aufbauen, dann feststellen, wer die Menschen sind, die einem folgen, und ihnen dann ein Angebot machen: Diese Strategie müssen auch Unternehmen beherzigen, die nicht aus den sozialen

Medien heraus entstanden sind, die also schon bestehen und bereits Produktportfolios haben. Würden sie einfach mit Werbebotschaften auf *Facebook, Instagram* oder *YouTube* zu überzeugen versuchen, würden sie ihr Geld relativ sinnlos ausgeben. Denn damit sagen sie laut und deutlich:

Bitte folge mir nicht, du siehst ja,
ich will dir nur etwas verkaufen.

Auch solche Unternehmen müssen kreativ sein und Content anbieten, der das Publikum in den sozialen Medien interessieren könnte, und der durchaus auch mit Produkten zu tun haben kann. Botschaften wie »Sieh her, wie sauber mit diesem Mittel deine Fenster werden!« sind aber die falschen.

SOCIAL-MEDIA-MARKETING MUSS SUBTIL SEIN

Produktpräsentationen in den sozialen Medien müssen informativer sein, nüchterner, subtiler. Wenn ein Produkt nichts kann, das es von anderen unterscheidet, wenn sich darüber keine Geschichte erzählen lässt, die das Publikum interessieren könnte, dann ist es in den sozialen Medien fehl am Platz. Aber (und damit möchte ich etwas Hoffnung machen, da mir so viele erzählen, dass ihr Produkt oder ihre Dienstleistung ungeeinget sei) sogar ein Fensterreiniger hat etwas zu erzählen.

Im Prinzip musst du beim Geldverdienen in den sozialen Medien selbst in die Rolle schlüpfen, die bisher Fernseh- und Radiosendern oder Printmedien vorbehalten war. Du musst News produzieren und Geschichten erzählen, und die Geschichten müssen einen Mehrwert bringen, nützliches Wissen, neues Wissen, Unterhaltung oder Spannung zum Beispiel. Wenn du bei jedem Post riesig dein Logo unten draufklatschst, darfst du dich nicht wundern, wenn dir niemand folgt.

Viele Marketing-Leute der alten Schule denken, dass die sozialen Medien nicht funktionieren. In Wirklichkeit funktioniert dort bloß ihr Handwerkszeug nicht. Sie haben Sätze wie »Gelb und Schwarz ist die auffälligste Farbkombination.« verinnerlicht und müssen nun erst verstehen lernen, wie das Publikum auf den sozialen Medien Werbung konsumiert. Dabei gilt als wichtiger Punkt:

Wenn du als Start-up-Gründer oder Chef eines bestehenden Unternehmens eine Community in den sozialen Medien aufbauen willst, solltest du, auch wenn es dir schwerfällt, im ersten Jahr beim Kreieren deiner Inhalte weder an deine Marke noch an den Verkauf deiner Produkte denken. Niemand klickt bei Werbung auf »Gefällt mir«, schon aus der begründeten Angst, dass du ihn dann mit noch mehr Werbung überschüttest. Du solltest dich ausschließlich darauf konzentrieren, gute Geschichten zu erzählen. Geschichten, die in deiner Welt spielen und die das Publikum abholen und mitnehmen.

Im Social-Media-Marketing müssen User immer das Gefühl haben, frei zu entscheiden, was sie ansehen und was nicht.

Jeder kauft zwar gerne, aber niemand bekommt gerne etwas verkauft.

Die Manipulation, also die Verleitung zum Kauf, erfolgt subtiler. Wir sprechen dabei von »Leads«, also von gewonnenen Kontakten von Social-Media-Usern, für die wir anschließend sogenannte »Funnels« bauen, was zu Deutsch so viel wie »Einkaufstrichter« bedeutet. In so einem Funnel schaffen wir meist drei bis fünf digitale Berührungspunkte mit einem Lead, die allmählich das Interesse und dann die Kauflust der User steigern. Wir tasten uns an sie heran, ohne dass es ihnen richtig bewusst ist.

LEADS, FUNNELS UND ADS

Zunächst geht es in diesen Funnels darum, dass die User, die hinter einem Lead stehen, mit dir interagieren, dass sie also zum Beispiel deine Website besuchen und sich deine Fotos und Videos ansehen. Erst ab einem gewissen Punkt kann dort auch Wissen wie jenes über die Gelb-Schwarz-Kombination wieder funktionieren. Vor allem am Ende des Funnels, wenn es darum geht, die nun bereits eingekreisten User tatsächlich zum Kauf zu bewegen. Denn dort wird die Kommunikation tendenziell aggressiver und offensiver.

Das funktioniert umso besser, als wir irgendwann ziemlich genau wissen, wer die Kunden, die hinter den Leads stecken, sind. Wir wissen, worauf sie reagieren und worauf sie nicht reagieren. Irgendwann wissen wir mehr über sie als Modehändler über ihre treuesten Stammkunden. Wir wissen, wie sie leben, was sie denken und was sie suchen, und können ihnen irgendwann Dinge vorschlagen, von denen sie selbst noch nicht wussten, wie sehr sie daran interessiert sind. Mehr dazu findest du im Kapitel »Performance Marketing«.

Wenn du Gartengeräte verkaufen willst, zum Beispiel Besprenkelungsanlagen, hat es jedenfalls keinen Sinn, wenn du sie in den sozialen Medien präsentierst wie in einer klassischen Inseratenkampagne, zum Beispiel mit einer plumpen Rabatt-Aktion. Du zeigst besser, was sich in einem Garten alles an kleinen Wundern hervorbringen lässt. Bei der Realisierung solcher Wunder ist dann deine Besprenkelungsanlage im Bild, ohne dass du groß darauf hinweist.

Wie eine Besprenkelungsanlage funktioniert und wie viel sie kostet, das interessiert deine Follower vorerst gar nicht. Sie wissen zu Beginn gar nicht, dass sie eine Besprenkelungsanlage kaufen wollen werden. Sehr wohl wollen sie aber wissen, was sie tun müssen, damit ihr selbst angebauter Salat schön grün statt braun und holzig wird. Wo am besten pflanzen? Was kann ich tun gegen die Schnecken? Wie oft besprenkeln? Wann besprenkeln? Wie lange besprenkeln?

KLASSISCHES MARKETING-WISSEN
KANN EIN HINDERNIS SEIN

Für einige Unternehmer sowie Marketing- und Werbeleute mag das allem widersprechen, was sie einst bei ihren Ausbildungen und Praktika gelernt haben und was sie jahrelang oder vielleicht sogar jahrzehntelang gedacht und getan haben. Ihr Wissen besteht aus Dingen, die interessant sein mögen, auf die es im Social-Media-Marketing aber nicht mehr ankommt. Schwarz und Gelb macht die auffälligste Farbkombination – das ist wichtig bei der Gestaltung von Plakatwänden, an denen an grauen Novembertagen der Morgenverkehr vorbeirauscht, aber weniger wichtig in den sozialen Medien.

Ich verstehe es deshalb, wenn es ihnen schwerfällt, umzudenken. Trotzdem müssen sie jetzt lernen, dass klassisches Marketing vielleicht noch über klassische Werbemittel wie Prospekte funktioniert, aber nicht mehr in den sozialen Medien. Das ist eine andere Welt mit anderen Spielregeln, in der Aufmerksamkeit auf andere Weise entsteht.

Ich will nicht behaupten, dass es einfach ist, cine in den sozialen Medien funktionierende kreative Geschichte rund um ein Unternehmen, eine Marke oder ein Produkt zu erzählen. Das Publikum abzuholen und mitzunehmen grenzt wie gesagt an eine journalistische Tätigkeit. Es erfordert Kompetenzen, die an den Schulen und den Wirtschaftsuniversitäten nie am Lehrplan standen.

Unternehmen ab einer bestimmten Größe brauchen deshalb eigenes Personal dafür, aber das ist schwer zu finden. Klassische Marketingexperten eignen sich aus den oben genannten Gründen jedenfalls nicht dafür. Sie sind aufgrund ihrer festgefahrenen Denkmuster vielleicht sogar besonders fehl am Platz. Sie neigen dazu, monatelang Kampagnen zu entwickeln, sie schließlich mit Pomp und Trara zu starten und dann zu merken, dass sie gar nicht funktionieren.

Echte Social-Media-Profis hingegen sind ständig mit dem Publikum in Kontakt, experimentieren und machen immer dort weiter, wo sie das beste Feedback bekommen. Social-Media-Marketing lebt von der Community. Da braucht es keine Art-Direktoren und Wirtschaftswissenschaftler, sondern, im Fall der Besprenkelungsanlagen, eine Grünfläche und jemanden mit einem Smartphone, der sich mit Gärten auskennt, der im besten Fall für Gärten brennt und seine Begeisterung dafür gerne mit anderen teilt.

Ich behaupte auch nicht, dass klassische Werbung überflüssig geworden ist. Etwa, wenn ein internationaler Nahrungsmittelkonzern ein Joghurt in einem neuen Markt etablieren will, oder wenn ein Telekom-Unternehmen seinen Namen ändert, haben breitstreuende klassische Werbekampagnen noch immer Sinn. Doch in den meisten Fällen ist Social-Media-Werbung die bessere Alternative. Denn eine Zeitung liegt am nächsten Tag im Altpapier. Ein einmal geschalteter Radio- oder TV-Spot hinterlässt mitunter gar keine Spuren und niemand weiß, wer ihn gehört oder gesehen hat. Ein *Facebook*-Like dagegen bleibt und es lässt sich immer einer bestimmten Person zuordnen, über die *Facebook* mehr weiß als so manchem vielleicht lieb ist.

Gerade kleine Firmen haben auch gar nicht die Werbebudgets, um über klassische Werbung tatsächlich etwas auszurichten. Sie investieren das Geld, das sie haben, am besten in jemanden, der sich mit sozialen Medien auskennt und ein Gefühl für das Publikum dort hat.

DIE ÜBERSCHÄTZTEN HYPES

Plötzlich hunderttausende Likes für einen Post und ein schnelles Produkt, das alle haben wollen. Wow! Wenn dir das passiert, freue dich darüber und nimm es mit, das nenne ich einen Lucky Punch. Deine Ziele solltest du aber anders setzen.

Wenn du eine Community aufgebaut hast und darüber nachdenkst, was du ihr verkaufen willst, gibt es zwei Philosophien. Du kannst auf ein Hype-Produkt setzen, also auf etwas, das so richtig durch die Decke gehen kann und von dem du schnell, aber auch eher kurzfristig jede Menge verkaufst. Oder du baust langsam und mithilfe der Community etwas Nachhaltiges auf, so wie wir es bei *BERGSTEIGER* getan haben.

Die sozialen Medien bringen immer mehr Hype-Produkte hervor, die einige Wochen oder überhaupt nur einige Tage lang alle haben wollen, und die wenig später wieder vergessen sind. Das sieht meistens nach viel Geld aus, das ihre Erfinder damit verdienen, aber wie sinnvoll ist diese Strategie wirklich?

Zu diesem Thema fällt mir seit einer Weile immer »Omis Apfelstrudelsaft« ein. Im Grunde handelt es sich um Apfelsaft mit Zimt. Der Saft selbst ist bio und die Idee ist ganz nett. Er wurde zum Hype-Produkt, weil sich damit die Geschichte vom trinkbaren Apfelstrudel erzählen ließ. Die eignet sich perfekt für die sozialen Medien, weil sie kurz und klar ist und eine nützliche Information für die große Gruppe der Apfelstrudel-Fans enthält, und sie lässt sich gut bebildern.

Die Erfinder dieses Saftes bekamen, als die Sache noch neu war, viele Bestellungen, doch schon nach kurzer Zeit sanken die Zahlen wieder. Denn als die Geschichte einmal erzählt war und die User sie cool gefunden und den Saft ausprobiert hatten, blieb nichts mehr als eben Apfelsaft mit Zimt, was kulinarisch im Grunde wenig innovativ ist und kaum noch weitere Geschichten abwirft.

Wäre »Omis Apfelstrudelsaft« eine wertvolle und damit nachhaltige Ergänzung in der Welt der Getränke, wären wahrscheinlich auch andere Anbieter schon auf die Idee gekommen, Apfelsaft mit etwas Zimt anzubieten.

Es schadet nie, wenn eines deiner Produkte durch die Decke geht, grundsätzlich solltest du aber eher auf nachhaltige Umsatzentwicklung achten. Denn kurzfristige Hypes haben mehrere Nachteile. Zum einen hast du wenig Zeit, deine Anfangskosten wieder hereinzubringen, in diesem Fall die für Website, Webshop, Videos, Fotos, Social-Media-Ads und Produktentwicklung, vom Rezept über die Gestaltung der Flaschen und die Klärung lebensmittelrechtlicher Fragen bis zum Aufsetzen von Abfüllung und Logistik. Wenn das ganze System eingespielt ist, du dich nur noch auf deine Social-Media-Strategie konzentrieren und dich über die laufenden Umsätze freuen könntest, war es das schon wieder mit deinem Produkt, und wenn der Hype nicht groß genug war, steigst du womöglich ohne nennenswerten Gewinn oder gar mit Verlust aus.

Viele derartige Firmen sperren einfach wieder zu, weil sie nach einer gewissen Zeit kaum noch Umsatz machen. Typische »One Hit Wonder« können ein bis drei Jahre lang florieren, aber das war's dann meistens. Im Fall von »Omis Apfelstrudelsaft« bestellten die Menschen, die Apfelsaft mit Zimt wirklich mochten, zwar weiter, aber da die Geschichte besser als die Relevanz des Produktes war, waren das nicht allzu viele.

Bloß wie entwickelst du eine langfristige Produktstrategie?

Sorge dafür, dass deine Produkte diese Kriterien erfüllen:

Erstens. *Sie sind spannend.* Die Geschichte, die du über oder durch sie erzählen kannst, ist interessant. Das ist dein Türöffner zur Community!

Zweitens. *Sie funktionieren.* Die Produkte haben einen tatsächlichen Mehrwert für deine Community, der vielleicht sogar dauerhaft gefragt ist.

Drittens. *Sie haben Zukunft.* Sie lassen sich weiterentwickeln und es ist möglich, rund um sie Produktfamilien zu gründen.

Bei *BERGSTEIGER* bestand die spannende Geschichte darin, dass die Produkte bei Berg- und Wandertouren dabei waren. Ihr Mehrwert bestand darin, dass sie emotional mit den Abenteuern der Bergwelt aufgeladen waren. Wie wir sie weiterentwickelten und wie wir eine ganze Produktfamilie rund um sie gründeten, habe ich dir schon erzählt.

SCHNELL VERKAUFT IST AUCH GEWONNEN

Solltest du trotzdem ein Hype-Produkt entwickeln oder sollte dir eines, wie das der Fall sein kann, gewissermaßen in den Schoß fallen, solltest du es machen wie die Erfinder von »Omis Apfelstrudelsaft«: Verkaufe deine Idee oder dein Unternehmen, solange noch etwas vom Hype da ist.

Das passiert laufend. Ein Start-up kreiert ein cooles Produkt, wird von einem Konzern gekauft, dessen Strategen denken: »He, das ist ein Hit und passt richtig gut zu uns«, und dann kommt die Erkenntnis, dass das Ganze eigentlich nur ein Hype war, der schon wieder abflacht, ehe die Tinte auf den Verträgen getrocknet ist. Die Käufer können das verschmerzen, das ist Teil ihres kalkulierten Geschäftsrisikos, und du kannst das Geld mitnehmen und etwas Neues damit versuchen.

FOTOS, VIDEOS ODER STORIES?

Fotos, Videos und Stories sind schnell gepostet.
Doch wenn du mit sozialen Medien Geld verdienen willst,
solltest du bei der Auswahl des richtigen Formates
für deinen Content einen Plan verfolgen.

Wenn du dich einmal für ein soziales Medium entschieden hast, um damit Geld zu verdienen, ist im Falle von *YouTube* alles klar: Jetzt kannst du anfangen, Videos aufzunehmen, sie mit den richtigen Suchwörtern auszustatten und hochzuladen. Bei *Facebook, Instagram, Pinterest* und *Linkedin* steht für dich noch eine weitere Entscheidung an: Setzt du vor allem auf Fotos? Oder doch eher auf Videos? Oder auf Stories? Oder auf Fotos und Videos in Stories?

Hier stellt sich zunächst die Frage, was überhaupt geht. Psychotherapeuten, Masseure, Immobilienmakler und andere Dienstleistungsberufe werden sich ähnlich wie Steuerberater oder Rechtsanwälte schwertun, Videos über ihren Arbeitsbereich zu drehen. Schließlich können Psychotherapeuten nicht Sitzungsausschnitte posten, auf denen ihre Klienten ihre seelischen Abgründe offenbaren. Videos von Masseuren, die zeigen, wie sie gerade Nacken- oder Rückenmuskulatur bearbeiten, sind auch nicht unbedingt fesselnd und Videorundgänge in leerstehenden Wohnungen haben eine ähnliche Wirkung wie ein Schlafelixier. Abholen und Mitnehmen ist in allen drei Fällen schwierig, weshalb es am Anfang einfacher ist, auf Fotos oder Grafiken zu setzen. Manchmal hilft es auch, um die Ecke zu denken. Wenn du als Masseur schon nicht deine Kunden bei den Massagen filmen kannst, kannst du stattdessen bestimmte Verspannungen erklären und zeigen, wie sie sich auflösen lassen. Da können sich viele etwas mitnehmen.

Für Tischler, Wirte oder Surflehrer hingegen eignen sich Videos schon auf den ersten Blick hervorragend. Tischler können damit zum Beispiel zeigen, wie sie Teile ohne Schrauben, Nägel oder Leim zusammenfügen, Wirte können die Zubereitung ihrer Gerichte filmen und Surflehrer zeigen die Ausfahrten an schöne Strände. Es geht immer darum, dass du das Fotografieren oder Filmen mit dem Smartphone dauerhaft in deinen Alltag integrieren kannst. Wenn es dir leichter fällt, in deinem Business zu achtzig Prozent Fotos zu machen und nur zu zwanzig Prozent Videos, ist das genau so der beste Weg für dich.

Bei den Stories, einem noch relativ jungen Format, kommt es ganz besonders darauf an, die Community zu verstehen. Stories sind wie gesagt nur befristet verfügbar, auf *Instagram* zum Beispiel 24 Stunden lang, und müssen wegen der höheren Aufmerksamkeit, die sie dadurch bekommen, auch besonders gut sein. Mit »gut« meine ich, dass sie wertstiftend oder unterhaltsam sein sollten. Nutzlose Stories überspringen User nach einer Sekunde. Passiert dir das öfter, verlierst du Abonnenten, denn dann nervst du einfach.

Wer mit sozialen Medien Geld verdienen will, sollte sich
allen Formaten, also Foto, Video und Story, widmen, sie aber
ihrem Zweck entsprechend einsetzen. Sie bieten vielfältige
Möglichkeiten, Geschichten zu erzählen, und zwar allen Usern.
Denn über den Erfolg der Posts entscheiden am Ende
Kreativität, Nähe zur Community und das Gefühl
bei der Wahl des richtigen Formates.

Bevor du dich bei einem bestimmten Content zwischen Fotos, Videos und Stories entscheidest, solltest du einige Dinge über jedes dieser Formate wissen.

WICHTIG BEI FOTOS

Erstens. *Der Charme, den unprofessionelle Schnappschüsse ausstrahlen, wird überschätzt.* Das Publikum sieht, wie könnte es anders sein, letztendlich gerne gut und professionell gemachte Fotos. Es zahlt sich also aus, einen (Online-)Kurs in Fotografie zu belegen, mit Licht und Perspektiven umgehen zu lernen oder mit professionellen Fotografen zu arbeiten, die das alles schon können.

Angesichts der für professionelle Fotografen anfallenden Kosten kannst du sie zum Beispiel für einen ganzen Tag buchen, um dann gleich mehrere hundert Fotos vorzuproduzieren. Wenn du schöne Fotos postest, merkst du rasch selbst, dass der Text auf einmal nicht mehr so wichtig ist und dass sie mehr Likes bekommen als holprige Schnappschüsse zum gleichen Thema.

Es geht allerdings auch hier immer um Fingerspitzengefühl. Denn zu »professionell« sollten deine Fotos auch wieder nicht sein, weil hinter übertriebener Professionalität oft die Wirklichkeit verschwindet. Schnell wirkt dein Foto wie Werbung. Die User sind unbewusst darauf trainiert, das zu erkennen.

Die Autobranche etwa macht bei ihren Fotos den Hintergrund oft unscharf und retuschiert sie merklich, bis die Autos wie von einem anderen Stern aussehen. Das stärkt wiederum Influencer, die Autos mit guten Fotos zeigen, aber so, wie sie sind. Ich selbst, als jemand, der sich für Autos begeistert, folge auf *Instagram* fast nur Influencern und nicht den Herstellern.

Zweitens. *Vorsicht mit Filtern.* Es kann zwar manchmal verlockend sein, einen weiteren Filter zu verwenden oder da und dort zu retuschieren, doch Fotos wirken damit rasch unnatürlich und abschreckend, unprofessionell und billig, ohne dass du es selbst richtig merkst. Ich muss da an eine Fleischerei denken, auf die ich gestoßen bin – sie verwendet immer denselben Filter, der das Fleisch zwar rot macht, aber auch den Metzger selbst wie einen Schinken aussehen lässt.

Drittens. *Menschen reagieren am besten auf andere Menschen.* Deshalb funktionieren Fotos von Menschen in den sozialen Medien immer besonders gut. Selbst dann, wenn es eigentlich um Produkte geht. Das Publikum in den sozialen Medien interessiert sich eher dafür, wie jemand ein Produkt benützt, als dafür, wie genau das Produkt aussieht. Menschen auf Fotos vermitteln einen viel persönlicheren Eindruck als zum Beispiel ergänzende Grafiken oder Text. Grafiken sind besonders heikel. Noch stärker als auf *Facebook* vermitteln sie auf *Instagram* den Usern den Eindruck, es würde sich um Werbung handeln.

Ein Tipp zum Abschluss: Achte unbedingt darauf, nicht zu künstlich aussehende und bearbeitete Gesichter zu verwenden! Mit der *Faceapp* kannst du zwar alle Pickel, Härchen und Falten entfernen, aber deine Haut sieht am Ende aus wie die Oberfläche eines Waschbeckens. Und das wird dir deine Community auch unverblümt in den Kommentaren mitteilen.

WICHTIG BEI VIDEOS

Erstens. *Wenn du die Möglichkeit hast, solltest du Videos einsetzen, denn sie haben eine bessere Chance auf Aufmerksamkeit als Fotos.* Wobei die Betonung auf »Chance« liegt. Ich beobachte immer wieder, wie Unternehmer und solche, die es werden wollen, Videos produzieren, bei denen mir nach wenigen Sekunden das Gesicht einschläft. Das Publikum in den sozialen Medien ist gnadenlos. Es scrollt sofort weiter.

Wir messen mit sogenannten »Video Heatmaps«, wann das Publikum bei unseren Videos pausiert, sie überspringt oder mittendrin abspringt. So haben wir unter anderem herausgefunden, dass wir bei Videos auf unserer Crowdfunding-Plattform nicht zu viele Zahlen hintereinander nennen dürfen, ohne sie mit Visualisierungen zu unterstützen. Wir blenden in solchen Fällen Animationen und Grafiken ein, die den Usern das Mitdenken erleichtern. Denn unser Worst Case ist, dass sie den Faden verlieren. Dann springen sie garantiert ab, bevor der wichtigste Teil des Videos erscheint.

Außerdem haben wir bemerkt, dass die meisten User gleich in den ersten drei bis zehn Sekunden entscheiden, ob sie bleiben. Deshalb ist es umso wichtiger, sie gleich beim Einstieg abzuholen. Eine gute Pointe oder ein echter Mehrwert des Videos sollte also gleich am Anfang deutlich werden.

Wenn mir jemand ein Video vorlegt und ich es bei voller Konzentration trotzdem nach dreißig Sekunden noch langweilig finde, höre ich oft: Warte bis Sekunde 45, das war nur der Einstieg. Bloß bei Sekunde 45 ist das Publikum längst weg oder im Tiefschlaf und erinnert sich nicht einmal mehr daran, das Video überhaupt angeklickt zu haben.

Auf *Facebook* springen User besonders schnell ab. Das liegt in der Natur der Plattform. Sie scrollen nach unten, um sich zu informieren, sehen sich dieses und jenes an und was sie nicht sofort fesselt, ist auch sofort wieder vergessen. Niemand öffnet *Facebook* mit der Einstellung, sich lange mit einzelnen Beiträgen zu beschäftigen. Da können Unternehmen mit noch so viel Geld und noch so professionellen Teams noch so schöne Bilder produzieren, wenn Inhalt und Aufbau nicht stimmen, verpufft der ganze Aufwand binnen Sekunden.

Der wichtigste Grundsatz lautet:

Achte bei Videos auf die Informationspyramide, die auch alle Journalisten schon immer kennen: Das Wichtigste sollte am Anfang stehen, danach kommt das Zweitwichtigste und so weiter. Das ermöglicht es, dass das Publikum jederzeit aussteigen und trotzdem etwas mitnehmen kann.

Zweitens. *Achte auf die Länge.* Videos auf *Facebook* und *Instagram* sollten kurz sein. Fünf Minuten sind hier schon die Obergrenze, länger als zehn Minuten ist bei *Instagram* mittels IGTV auch gar nicht möglich. Wobei auch diese Fünfminutengrenze nur für Videos mit wertvollen oder unterhaltenden Inhalten gilt. Video-Ads, Werbevideos in dieser Länge würde sich kein Mensch je ansehen. Mehr als dreißig bis sechzig Sekunden gehen da gar nicht – eher zehn bis fünfzehn Sekunden. Alles darüber Hinausgehende produzierst du nur für einige Wenige, die sich das vielleicht bis zum Schluss ansehen. Das rechnet sich niemals.

Anders ist das wie gesagt auf *YouTube*. Die andere Erwartungshaltung der *YouTube*-User macht sie geduldiger. Sie sind bereit, länger darauf zu warten, gefesselt zu werden. Wenn die Headline stimmt und ein nützliches Thema genau auf den Punkt bringt, etwa »Salatbeete vor Schnecken schützen«, verweilen sie gerne auch länger. Weshalb *YouTube*-Videos eben auch eine Stunde oder noch länger dauern dürfen.

Für Video-Ads auf *YouTube* gilt allerdings das Gleiche wie auf allen anderen Plattformen. Dreißig bis sechzig Sekunden sind auch da schon viel. Es gibt auch hier allerdings einige wenige Ausnahmen, wie die ASMR-Community, die sich einen Video-Ad über das Auspacken eines Smartphones gerne auch zwanzig Minuten lang ansieht. Sogar produziert vom Hersteller, in dem Fall war das *Huawei* – schlau gemacht!

Drittens. *Hoch oder quer spielt eine Rolle.* Es ist einfacher, im Querformat zu filmen, aber wir arbeiten vor allem bei Videos für *Instagram* eher mit dem Hochformat. Das ist deshalb effektiver, weil die meisten Menschen *Instagram* auf ihrem Smartphone nutzen. *Facebook* funktioniert genauso im Querformat, Hochformat kann dort aber ein *eye catcher* sein.

YouTube-Videos solltest du ausschließlich im Querformat erstellen. Ich erinnere mich an eine Bank, die eine bundesweite Video-Kampagne gemacht hat, bei der Menschen durch das Bild tanzten. Ich glaube, es war ihr zwanzigstes Jubiläum. Das Bild war im Querformat, auf *Instagram* beworben und mit einem Farbfilter ausgestattet, der wirklich grässlich war. Zur Sicherheit war unten noch das Logo der Bank reingeklatscht. Guter Ansatz, bloß die Umsetzung war ein glatter Bauchfleck.

Viertens. *Nütze Videoequipment für dein Handy.* Es gibt zahlreiche technische Möglichkeiten und Tools, auf die du beim Videodreh mit deinem Handy zurückgreifen kannst. Die Qualität der Smartphone-Kameras wird immer besser und dementsprechend gibt es immer mehr Videozubehör, das perfekt auf bestimmte Smartphones zugeschnitten ist. Stative, Lichter und Mikrofone zum Beispiel. Mit einer gewissen Grundausstattung kann eine spontane Handy-Produktion längst manchem professionellem Dreh Konkurrenz machen.

Für herausfordernde Drehvorhaben und längere Kamerafahrten gibt es auch schon erstaunliche technische Lösungen. Wenn du dich zum Beispiel beim Reiten filmen willst, kannst du dein Handy mit einem zu diesem Zweck verfügbaren Teil so kombinieren, dass es dem Pferd und dir automatisch folgt und dabei brauchbare Bilder produziert. Das Ganze kannst du sogar so einstellen, dass das Handy auf dein Gesicht zoomt, sobald du etwas sagst, und wieder auf das Pferd mit dir drauf schwenkt, wenn du damit fertig bist. Kostenaufwand dafür: Rund 200 Euro.

Auch *Instagram* bietet eine ganze Reihe von Tools zur Nachbearbeitung an, die praktisch sind und dir hohe Produktionskosten ersparen. Hier habe ich dir einige wertvolle Tools zusammengestellt, die du dir für wenig Geld anschaffen kannst.

cashbook.digital/tools

WICHTIG BEI STORIES

Erstens. *Nütze die erhöhte Aufmerksamkeit.* Wegen der zeitlich begrenzten Verfügbarkeit der Stories bekommen sie besondere Beachtung der User. Wenn du beim Geldverdienen mit sozialen Medien auf *Instagram* setzt, solltest du sie deshalb nutzen. *Instagram* listet die Stories sogar über dem regulären Feed deiner Follower, sodass sie maximale Sichtbarkeit bekommen. Sehen sich deine Follower deine Story an, verschwindet sie aus ihrem Feed. Wollen sie die Story noch einmal sehen, müssen sie dazu auf dein Profil gehen.

Stories sind vor allem deshalb so beliebt, weil sie besonders nah und real wirken. Teilweise sind sie es auch. Denn direkt in der Story-Funktion gibt es auch die Funktion zum Filmen, die viele User verwenden. Stories sind somit eine Möglichkeit, die eigene Community überallhin mitzunehmen und das kommt gut an. Trotzdem kannst du Videos vorproduzieren und es so wirken zu lassen, als wären deine Follower live dabei.

Wir betreuen unter anderem die Motorradschmiede *KTM* beziehungsweise deren Fahrzeugbereich *KTM X-BOW*. Wenn wir in einer Produktionshalle sind und für die Community über die Story-Funktion mitfilmen, findet sie das wirklich spannend. Wie sonst kann sie live hinter die Kulissen so eines Unternehmens schauen?

Ich beobachte das an mir selbst. Stories sind oft der Grund, warum ich einer Seite folge oder nicht. Sehe ich auf einem Profil eine Story, die noch dazu spannend ist, folge ich dieser Seite eher, als wenn es dort nur normale Posts gibt. Nicht nur zur Unterhaltung, sondern auch zu Informationszwecken. Beispielsweise folge ich einem Influencer im Aktien-Bereich, der in seinen Stories immer fast tagesaktuell zusammenfasst, was sich am Börsenparkett gerade tut.

Stories empfehlen sich überall dort, wo es etwas Interessantes oder Persönliches zu sehen gibt. Ob das eine Fabrikshalle oder eine neue Information ist, spielt keine Rolle, solange der Inhalt zum Konzept deines Accounts passt und deinen Followern einen guten Einblick in dein Thema bietet.

Drittens. *Poste nicht zu viele Stories.* Eine Story kann nie schaden, solange sie etwas einigermaßen Spannendes,

Nützliches, Berührendes, Persönliches oder auf andere Weise Besonderes beinhaltet. Nütze dieses Format aber nicht für Alltagszeug. Wenn du nicht zufällig Food-Blogger bist, solltest du nicht alle deine Mahlzeiten als Story posten. Damit nimmst du deinen Stories die Exklusivität und enttäuschst deine Follower, deren Erwartungen hoch sind.

Sind deine Follower von Stories genervt, sind sie schneller weg als sie da waren. Wenn zum Beispiel ein Personalberater eine Community aufgebaut hat und dann in seiner Story jeden zweiten Tag Fotos von seiner Kaffeemaschine und den Keksen aus dem Supermarkt postet, zerstreuen sich seine Follower rasch in alle Winde und er steht unversehens wieder alleine da, mit zwei Likes pro Beitrag, und die kommen von seiner Assistentin oder seinem Assistenten und seiner Mutter.

Besonders gut eignen sich für Stories dagegen auch Umfragen, Quiz oder Countdowns. Ebenfalls eignen sich gut gemachte Geschichten über Projekte zum Thema Nachhaltigkeit, das vielen Unternehmen wichtig ist und die außerdem ihrem Image nützt. Insgesamt lässt sich über Stories, mehr noch als über Fotos und gepostete Videos, Transparenz herstellen, was ebenfalls Image-Vorteile für deine Marke bringt.

Fünftens. *Sei bei Instagram-Stories besonders achtsam.* Bei *Instagram* ist die Entscheidung zwischen Fotos, Videos und Stories etwas komplexer als bei *Facebook*. Wir setzen im Feed meist auf Fotos. Bei den *Instagram*-Stories dagegen arbeiten wir überwiegend mit Videos und Animationen. IGTV, also *Instagram*-TV, das besonders lange Videos ermöglicht, setzen wir selten ein. Wenn wir lange Geschichten erzählen wollen, tun wir das weiterhin lieber auf *YouTube*.

ES IST EIN JOB

Bisher waren die sozialen Medien vielleicht ein Zeitvertreib für dich und eine Möglichkeit, mit deinen Kollegen, Freunden und Verwandten in Kontakt zu bleiben. Wenn du mit Facebook, Instagram, YouTube und Co. Geld verdienen willst, macht das weiterhin Spaß. Doch je erfolgreicher du dabei bist, desto mehr werden dich die sozialen Medien beschäftigen.

»Social Media geht nicht wieder weg und ist keine Modeerscheinung. Seien Sie dort, wo Ihre Kunden sind: in den sozialen Medien.«

Lori Ruff (Social-Media-Expertin)

Soziale Medien sind zu unseren täglichen Begleitern geworden und werden es bleiben. Der Umgang mit ihnen ist deshalb für Start-up-Gründer und alle anderen Wirtschaftstreibenden mittlerweile zu wichtig und die Möglichkeiten dabei sind zu vielfältig, als dass sie sich nebenbei darum kümmern könnten. Es geht hier nicht nur darum, eine Community aufzubauen, sondern auch darum, sie laufend zu betreuen und aufrechtzuerhalten.

Gleichgültigkeit, Nachlässigkeit und Schlamperei können sogar das Gegenteil der gewünschten Effekte auslösen.

Wer gar nicht in den sozialen Medien auftritt, existiert einfach nicht. Wer schlecht auftritt, wird gemieden.

Social-Media-User, die auf der *Facebook*-Seite eines Unternehmens als jüngsten Post einen drei Monate alten der Kategorien »Kaffeeküche und Kekse«, »unser neuer Bürohund« oder »eindeutig Werbung« vorfinden, denken: Das ist ein schlechtes Unternehmen. Das klingt hart, aber so ist die Wahrnehmung. Gerade im Business-Bereich sehe ich immer wieder Social-Media-Auftritte, die den Eindruck vermitteln, die Firma sei längst pleite gegangen oder liquidiert worden.

Wenn du mit sozialen Medien Geld verdienen willst, muss dir also klar sein: Das ist ein Job. Er macht Spaß, er führt in eine aufregende Welt mit vielen neuen Chancen, du kannst dich dort verwirklichen und alles erreichen, doch du brauchst auch Fleiß, Ausdauer, Lernbereitschaft und die Fähigkeit, deine Kreativität gezielt einzusetzen.

Ständig zu lernen ist beim Geldverdienen mit Facebook,
Instagram, YouTube und Co. die wichtigste Voraussetzung.
Denn die Welt der sozialen Medien ist neu und sie entwickelt
sich unentwegt und mit unglaublicher Dynamik weiter.
Es ist aufregend, dabei zu sein und mitzulernen.

ÜBERLASSE NICHT ALLES EXTERNEN DIENSTLEISTERN

Vor allem erfolgreiche analoge Unternehmen neigen dazu, das Thema einfach auszulagern. Sie kommen bei ihrem Verständnis für die Geschäftswelt in den sozialen Medien noch so weit, dass sie merken, dass das in richtige Arbeit ausarten kann. Sie merken auch, dass sie irgendetwas tun sollten, schon weil alle irgendetwas tun und irgendein Aufsichtsrat bei der nächsten Sitzung nach dem Social-Media-Auftritt fragen könnte. Dann holen sie sich externe Dienstleister, um in solchen Fällen etwas vorweisen zu können und oft, ohne selbst richtig an den Sinn dieser Ausgabe zu glauben.

Wir sind selbst solche Dienstleister, aber wir lassen uns nicht als Feigenblatt benützen. Wenn wir mit Unternehmern arbeiten, dann nur, wenn sie wissen, was sie in den sozialen Medien erreichen wollen, und am liebsten, wenn es in ihren Unternehmen schon eigene Social-Media-Mitarbeiter gibt, die wir einschulen und fortbilden können.

Wir drängen dabei schon fast darauf, dass es tatsächlich Mitarbeiter sind, die nur für dieses Thema zuständig sind, denn auch die IT-Leute des Hauses oder die Kommunikationsleute können die sozialen Medien nicht alleine nebenbei betreuen. Sie bieten dafür einfach schon zu viele Möglichkeiten, und ich meine Möglichkeiten, genau das zu tun, was Unternehmen wollen: Ihre Marke aufbauen, ihre Zielgruppe kennenlernen und ihre Umsätze steigern.

Bei kleinen Unternehmen brauchen wir zumindest einen Ansprechpartner, der vor Ort ist und zuverlässig liefert. Mit »liefern« meine ich »Rohmaterial liefern«, wie

Fotos, Videoclips, Textvorschläge – das reicht oft schon in ganz groben Zügen. Aktualität und Wertigkeit des Inhalts sind entscheidend, die Aufbereitung und Positionierung übernehmen dann wir.

Schon ein professioneller, imageförderlicher organischer Auftritt in den sozialen Medien lässt sich für Unternehmen und Start-ups kaum noch nebenbei machen. Endgültig unmöglich wird das, wenn es wirklich ums Geldverdienen geht.

Übrigens, wenn ich von Geldverdienen spreche, meine ich damit so viel Geld zu verdienen, dass es sich auszahlt. Und zwar inklusive eigener Arbeitszeit und allen Kosten. Viele Anfänger rechnen nicht nach und freuen sich, dass überhaupt etwas passiert, selbst wenn sie dabei draufzahlen.

In jedem Fall solltest du, egal, wo du in der Wirtschaft stehst, selbst eine Ahnung von der Materie haben. Denn zum einen gilt, was in der Wirtschaft immer gilt: Wer Dinge auslagert, die er selbst nicht versteht, fällt leicht auf Blindgänger herein, die in Wirklichkeit nichts können. Zuerst schicken sie dir Listen, was sie alles machen werden, dann Listen, warum das alles nicht funktioniert hat und dann ihre Rechnung.

Wenn du das alles anderen überlässt, wirst du dir außerdem mit der wachsenden Bedeutung der sozialen Medien zunehmend schwertun, überhaupt noch sinnvolle Unternehmensstrategien zu entwickeln. Einfach weil dir die Grundlage dafür abhandenkommt. Wenn du nicht mehr weißt, wie die Kunden ticken, wie sie erreichbar sind und damit das Gefühl für den Markt verlierst, kannst du auch nicht mehr planen.

Die Strategie: »Kümmert ihr euch darum, ihr macht das schon!« eignet sich wirklich nur noch für Unternehmer und Manager, die spätestens in zwei Jahren in den Ruhestand treten und dann auch alle anderen Entscheidungen jüngeren, neugierigeren und digitaleren Menschen überlassen. Gerade als Unternehmer lohnt es sich, zu verstehen und zu beobachten, was die eigene Zielgruppe in den sozialen Medien von einem will.

STELLE DICH AUF EIN INTENSIVES ABENTEUER EIN

Wenn du dir gerade einen neuen Job oder besser gesagt ein neues Einkommen suchen musst, oder dich beruflich einfach deshalb verändern willst, weil du deinen Job als Tretmühle empfindest und dich lieber selbstverwirklichen willst, gilt für dich:

Du brauchst für deine erste eigene Firma kein Büro mehr, kein Sekretariat und keine Firmenautos, du brauchst bloß einen Social-Media-Account, den du dafür mit vollem Einsatz betreust.

Nur wenn du deine volle Aufmerksamkeit darauf lenkst, wirst du mit dem, was du in diesem Buch vorfindest, auch

Geld verdienen. Du bist dabei gefordert, mit allem, was du bist, kannst, weißt und worin du talentiert bist, und das ist in Wirklichkeit auch eine der schönen Seiten am Geldverdienen mit Social Media.

Erst wenn der Laden läuft und du dich richtig gut auskennst, kannst du die Betreuung deiner Accounts auch Dienstleistern oder Mitarbeitern überlassen. Du kannst sie von Beginn an hinzuziehen, aber du kannst und solltest dich nicht ausklinken.

Abgesehen davon sind die meisten Unternehmen nicht bereit, Dienstleister so gut zu bezahlen, dass sie »alles« übernehmen. Der Wunschtraum eines jeden Unternehmens gegenüber dem Dienstleister ist: »Einmal alles zum Preis eines halben Mitarbeiters bitte.« Dazu sag ich nur: »Pommes dazu?«

Ich habe meine eigenen Social-Media-Aktivitäten beziehungsweise die meiner Firmen auch zunächst selbst gemacht und dabei miterlebt, was alles zu tun ist. Es geht nicht nur um die Gestaltung der richtigen Posts zur richtigen Zeit auf die richtige Art. Es geht auch darum, anderen zu folgen und sich auf diese Weise für sie interessant zu machen, auf Nachrichten zu reagieren und Fragen zu beantworten. Kurzum: Du musst die Community verstehen!

Manches lässt sich auch ignorieren, doch das kann gefährlich werden. Bestimmt freust du dich selbst, wenn deine Kommentare, Fragen oder persönlichen Nachrichten beantwortet werden. Genauso geht es allen anderen. Das Gefühl von Nähe und Zuwendung entsteht, ein wertvolles Gut, um das es in den sozialen Medien letztendlich auch geht. Abonnenten, die eine Antwort bekommen, werden künftig deine Posts mit größerer Begeisterung liken. Solche, die du ignorierst, werden alle Aktivitäten auf deinem Account von da an mit anderen Augen sehen, wenn sie ihnen überhaupt weiterhin Beachtung schenken.

Es gibt also jede Menge zu tun. »Folge meinem Kanal und aktiviere die Benachrichtigungen, um nichts mehr zu verpassen!« zum Beispiel oder »*Like and subscribe!*« sind Phrasen, die wir alle kennen. Manchmal nerven sie, aber es lohnt sich trotzdem, deine Follower von Zeit zu Zeit an diese Funktionen zu erinnern.

Je mehr Interaktion mit der Community du hast, desto besser ist es, so lautet der Grundsatz. Und gerade in den sozialen Medien hat der durch Kreativität, Know-how und Disziplin erzielte Erfolg eine Eigendynamik: Aus mehr wird immer noch mehr.

Auch deshalb ist die Monetarisierung deiner Reichweite so wichtig: Sie ermöglicht es dir, all die Arbeit später mit Mitarbeitern, zunächst vielleicht mit geschickten Studenten und irgendwann mit versierten Dienstleistern, zu teilen.

IN DEN SOZIALEN MEDIEN IST NIE ALLES ERLEDIGT

Wie viel Zeit der Aufbau und die Erhaltung eines guten Social-Media-Auftritts erfordert, hängt von vielen Faktoren ab. Am Anfang schaffst du das locker neben deinem alten Job. Doch je umfangreicher dein Content ist und je größer deine Community wird, desto mehr Zeit nimmt es in Anspruch. Wenn es einmal so richtig läuft und sich Geld damit verdienen lässt, wird das Ganze im Grunde zu einem normalen Vollzeitjob, wobei selbst dann zu keinem Zeitpunkt alles erledigt ist. Schließlich geht es jetzt darum, mehr als bisher zu verdienen und als Unternehmen zu wachsen.

Da ginge also immer noch mehr. Wenn du einen guten, monetarisierbaren Account betreibst oder womöglich gleich zwei, geht es dir genauso, wie es Start-up-Gründern schon immer gegangen ist: Wenn sie hoch hinauswollen, sind sie nie fertig. Nie ist alles erledigt. Irgendwann musst du die Grenzen für dich selbst ziehen.

Es sind drei Dinge, die viele Menschen im
Zusammenhang mit sozialen Medien unterschätzen:
Die Höhe des Umsatzes, der sich damit erzielen lässt.
Den zeitlichen Aufwand, der mit dem Aufbau und
der Betreuung eines professionellen Accounts einhergeht.
Und den Spaß, den das alles macht.

ORGANISCHE REICHWEITE

Sehen und gesehen werden, einfach so. Das war der Anfang der sozialen Medien, und trotz aller Bezahlschranken funktioniert es noch immer so. Doch wie baust du organische Reichweite auf, wie weit kommst du damit und wie nützt du sie?

Was bedeutet in sozialen Medien Reichweite? Gemeint sind damit alle User, die deinen Post beziehungsweise dein *YouTube*-Video sehen. Reichweite sagt nichts darüber aus, in welchem Ausmaß sie das tun und wohin das führt. Es kann sein, dass sie deine Beiträge zwar theoretisch sehen können, sie aber gar nicht wahrnehmen und augenblicklich weiterscrollen. Es kann auch sein, dass sie sich intensiv damit befassen, sich davon auf deine Website leiten lassen, etwas bei dir kaufen und deinen Account abonnieren.

Der Begriff »organische Reichweite« beschreibt, wie viele User deinen Post beziehungsweise dein *YouTube*-Video sehen, ohne dass du Geld für Werbung ausgibst. Sie entsteht also ausschließlich durch deine Kreativität bei der Gestaltung des Posts und durch den Mehrwert, den du damit stiftest.

Du weißt bereits, dass es vor allem auf *Facebook* schwieriger geworden ist, organische Reichweite zu erzielen, und dass es auch auf *Instagram* schwieriger wird. Dennoch ist es noch immer möglich und vor allem am Anfang solltest du es damit versuchen. Denn der Grundsatz lautet:

Wenn du mit deinem Content organische Reichweite erzielst,
zahlt es sich aus, Geld zu investieren. Wenn du gar keine
oder sehr wenig organische Reichweite erzielen kannst,
versuche es mit einem anderen Thema.

Kreativität ist dabei das Wichtigste. Am Anfang kannst du bei der Entwicklung deiner Ideen von dir selbst ausgehen. Du stellst dir diese Frage:

Welcher Post würde mich jetzt gerade selbst interessieren?

Je mehr du über deine Community und über deine Zielgruppen weißt, desto mehr kannst du dich in sie hineindenken. Dann stellst du dir diese Frage:

Was könnte meine Community jetzt gerade interessieren?

Du kannst dabei auf Trends setzen, die es in den sozialen Medien gerade gibt. Am besten tust du das, bevor es alle tun, aber sei vorsichtig. Das kann verkrampft und peinlich wirken, besonders, wenn du zu spät dran bist und diese kurzlebigen Trends ihre Höhepunkte schon überschritten haben.

Auch simple Dinge wie Jahreszeiten, Wetterlagen oder Feiertage kannst du berücksichtigen. Ein Post über Wintersport funktioniert im Spätherbst besser als im August. Logisch. Ein Post über wasserdichte Sneakers funktioniert besser, wenn alle gerade über das verregnete Wochenende jammern, als während einer Trockenperiode. Auch Weihnachten, Neujahr, die Fastenzeit, Ostern oder Aktionstage wie den internationalen Tag der Jogginghose (21. Januar), den Welttag gegen Internetzensur (12. März) oder den Tag der Erde (22. April) kannst du als Anhaltspunkte verwenden. Fast jeder Kalendertag ist ein Aktionstag für irgendetwas, wofür, das findest du ganz einfach auf *Wikipedia*.

DU MUSST DIE WELT NICHT IMMER NEU ERFINDEN – WIE DIGITALE KREATIVITÄT FUNKTIONIERT

»Meine Ideen sind nicht genial genug, weder für organische noch für bezahlte Reichweite.«

Solltest du das denken, kann ich dich trösten. Du bist kreativ. Alle Menschen sind kreativ, besonders, wenn sie ihre Kreativität trainieren. Dieses Training ist relativ einfach: Je mehr Ideen du umsetzt, desto mehr neue Ideen werden folgen. Was nicht bedeutet, dass jede deiner Ideen genial sein muss. Auch wir können nicht am Fließband geniale Ideen produzieren. Niemand kann das.

Wir haben einmal eine organisch sehr erfolgreiche Kampagne für ein Fastfood-Restaurant gestartet. Wir definierten einige Buchstaben und schrieben sinngemäß dazu: Deine Freunde, deren Namen mit einem dieser Buchstaben beginnen, müssen dich auf einen Burger einladen. Wir investierten gerade einmal 15 Euro Werbebudget am Start, dann verbreitete sich unsere Werbung einfach so. Dahinter stand kein genialer Kopf aus unserem Team, wir hatten einfach gesehen, dass etwas Ähnliches in den USA bereits wunderbar funktioniert hatte.

Gut geklaut ist besser als schlecht erfunden, sagt ein altes Sprichwort unter Kreativen, aber es geht gar nicht ums Klauen im eigentlichen Sinn. Jemand entdeckt etwas, andere greifen es auf, adaptieren es, entwickeln es weiter, verbreiten es. Das ist der Lauf der Dinge. Auch Wolfgang Amadeus Mozart orientierte sich bei einigen seiner Kompositionen an bereits Vorhandenem und seinen Vorgängern.

Führe also Konkurrenz-Analysen durch. Sieh dir an, welche Mitbewerber es innerhalb und außerhalb der Grenzen deines Landes gibt und wie sie sich online präsentieren. Sieh dir an, wie deren Community auf Posts reagiert und was besonders gut bei ihr angekommen ist. Das probiere dann selbst aus.

Wir beobachten das ständig und sammeln Content in Form von Themen, Foto- und Videokonzepten sowie Grafiken. Wir speichern alle unsere Informationen geordnet nach Kategorien ab und achten auf Weiterbildungsmöglichkeiten und virale Trends. Wenn dann einer unserer Kunden guten Content für seine Accounts sucht, gehen wir mit ihm diese Archive durch. Wenn er bei etwas hängenbleibt, wissen wir, wo wir ansetzen können.

Marktbeobachtung ersetzt nicht nur Genialität, es macht die Dinge auch kalkulierbarer. Etwas, das bei irgendjemandem schon funktioniert hat, funktioniert auch bei dir mit höherer Wahrscheinlichkeit als die genialste Idee, die du selbst spontan geboren hast.

NACHMACHEN HAT SEINE GRENZEN

Wenn du Webinare produzieren und zu diesem Zweck den amerikanischen Marktführer *Masterclass* kopieren willst, wird dich das allerdings frustrieren. Denn die Accounts der Top-Profis einer Branche mögen einfach wirken, dahinter stehen aber jahrelange Erfahrungen und Entwicklungen, die du durch Nachmachen nicht einfach ersetzen kannst.

Fazit. Kreativität ist nicht unerschöpflich. Erfolgreiche Ideen anderer für deine Zwecke zu adaptieren kann da helfen. Nicht alles lässt sich adaptieren, und nicht alles, was zum Beispiel in den USA funktioniert, wird auch in deinem Land funktionieren, aber die Chancen bestehen. Richte bei der Marktbeobachtung deinen Blick weniger auf die großen Konzepte als vielmehr auf die kleinen, praktikablen Dinge, die funktioniert haben. Benütze sie als Inspiration und ziehe trotzdem immer weiter dein eigenes Ding durch.

AUCH PROFIS BRAUCHEN GLÜCK

Ob Posts funktionieren oder nicht, bleibt am Ende immer auch ein Glücksspiel. Es gehört auch bei uns dazu, dass manche Dinge, die wir für toll hielten, floppen, und andere überraschend gut funktionieren. Bloß hängen wir nicht mehr mit unseren Emotionen daran. Wir probieren einfach eins nach dem anderen aus. Wenn etwas funktioniert, ist das gut, wenn etwas nicht funktioniert, prüfen wir es kurz auf mögliche Lerneffekte und haken es ab. Das ist der Alltag aller digitalen Kreativen überall auf der Welt. Wenn du bei jemandem das Gefühl hast, er produziert nur Erfolge, ist das immer ein Irrtum. In Wirklichkeit ist er wahrscheinlich nur gut darin, die Spuren seiner Misserfolge zu verwischen.

MIT VISUELLEN FEATURES PUNKTEN

Besonders im organischen Bereich geht der Trend hin zu visuellen Elementen. Das hat damit zu tun, dass wir es als Menschen des 21. Jahrhunderts gewöhnt sind, von allen Seiten entertaint zu werden. Deshalb muss das Entertainment unmittelbarer, schneller und effizienter werden.

Das findet auf allen Ebenen statt. Denke zum Beispiel ans Kino. »Der Pate« von Francis Ford Coppola mit Marlon Brando und Al Pacino in den Hauptrollen ging als einer der großartigsten Filme seines Genres in die Geschichte ein. Er bekam 1973 den Oskar für den besten Film und konnte dank seines finanziellen Erfolges sogar den damals angeschlagenen Produzenten *Paramount Pictures* vor dem Ruin bewahren. Würde heute ein Produzent eine ähnliche Geschichte mit den gleichen dramaturgischen Mitteln erzählen, würde er damit womöglich kein Geschäft mehr machen. Vor allem das junge Publikum wäre damit schwieriger abzuholen. Zu langsam. Zu ausholend. Die Anforderungen an die Aufmerksamkeitsspanne wären einfach zu hoch.

Heute würde sich so ein Werk nur noch jemand ansehen, der für die Schule eine Rezension darüber schreiben muss, und selbst dann würde er gleichzeitig alles Mögliche am Smartphone erledigen. In einer modernen Version von »Der Pate« müsste so etwa alle drei Minuten etwas explodieren.

Diese Veränderungen in der Wahrnehmung von Inhalten zeigen sich besonders stark in den sozialen Medien, in denen alles besonders schnell und vieles gleichzeitig stattfindet. Deine Posts müssen also das Potenzial haben, zu unterbrechen. Im Social-Media-Business nennen wir das »einen Interrupt schaffen«. Du musst die User dazu bringen, beim Scrollen nach unten Halt zu machen und sich anzusehen, was genau du gepostet hast.

Um das zu schaffen, kommen in den sozialen Medien immer mehr bewegte Bilder und dreidimensionale Elemente zum Einsatz. Ich habe die Wirksamkeit dieser Strategie wieder auch an mir selbst beobachtet, als mir der Veranstalter einer Konferenz über Online-Marketing seine Werbung zuspielte (bei der er branchenbedingt zeigen musste, was er draufhat). Alles bewegte sich, sogar der Rahmen drehte sich und ich hatte auf den ersten Blick den Eindruck, dass die gesamte *Facebook*-Seite mit der Werbung verschmilzt und mitrotiert. Im Hintergrund lief auch noch eine Melodie, die ich bis heute im Kopf habe.

Klar, dass bei solchen Posts mehr Menschen hängen bleiben, und das hat nicht unbedingt etwas mit Ästhetik zu tun. Es geht um Trigger. Es geht darum, die richtigen Knöpfe zu drücken, um im menschlichen Gehirn das Gewünschte, also das Innehalten und Wahrnehmen, zu erreichen. Das heißt nicht, dass du Werbepsychologie studieren musst, um da mithalten zu können. Du musst bloß wissen:

Mit visuellen und bewegten Inhalten
setzt du die besseren Trigger.

Wir haben einmal bei »Page Like Ads« für *KTM* zunächst ein normales Foto des zu bewerbenden Fahrzeugs gepostet und danach eines, auf dem die Scheinwerfer aufblinken. Der zweite Post lief fast um das Hundertfache, ja genau, fast um das Hundertfache besser als der erste, bei dem nichts leuchtete.

Eigentlich ist es also einfach: Du wählst die Zielgruppe für deinen Post oder deinen Ad aus. Dann sorgst du dafür, dass sich darauf etwas bewegt, sich etwas dreht, etwas leuchtet oder etwas blinkt, so banal das auch klingen mag. »He, was ist das«, denken die User, und wegen deines »Page Like Ads« fällt ihnen sogar gleich auf, dass sie zwar allen möglichen ähnlichen Seiten folgen, aber noch nicht dir.

Bei uns haben sich alle Grafiker in diesem Bereich weitergebildet. Sie können jetzt auch Motion Design, also Animationen, GIFs und Kurzclips produzieren. So viel Aufwand musst du aber gar nicht betreiben. Ein kurzes Video sagt manchmal mehr als tausend Fotos. Das musst du wissen. Darüber, wie sich auf einem Foto ein bisschen mehr tut, kannst du dich zum Beispiel hier informieren:

cashbook.digital/motion

QUALITÄTSPUBLIKUM LIEBT ES RUHIG

Wie wichtig Motion Design ist und wie sehr du damit punktest, hängt auch von deiner Zielgruppe ab. Eine online erfolgreiche deutsche Qualitätszeitung, die *Süddeutsche Zeitung*, arbeitet mit viel dezenteren oder ganz ohne Bewegteffekte. Ihre ständig wachsende Online-Ausgabe ist übersichtlich, klar und ruhig und damit so ziemlich das Gegenteil der Online-Ausgabe der *Bild*-Zeitung zum Beispiel. Es kommt also auch auf die Erwartungshaltung der Zielgruppen an. Wenn diese mit komplexeren Inhalten rechnen und bereit sind, sich länger konzentriert mit einem bestimmten Inhalt auseinanderzusetzen, solltest du visuellen Überfluss vermeiden. Die Dosis macht auch hier das Gift.

Anspruchsvolleres Publikum hat längere Aufmerksamkeitsspannen und ist leichter von aufgeregtem Schnickschnack genervt.

Führe deshalb sogenannte A/B-Testings duch. Zuerst spielst du an eine Zielgruppe bunte bewegte und dann stille aufgeräumte Posts aus. Nach zwei oder drei Versuchen weißt du, worauf du setzen musst. *Facebook* bietet sogar eine A/B-Testfunktion an und stellt dir überhaupt ein Experimente-Tool zur Verfügung.

Fazit. Der Trend geht in Richtung Bewegung und anderer Effekte, aber es ist nur ein Trend. Wenn sich überall alles bewegt und alles leuchtet, setzt sich vielleicht bald der Gegentrend durch und wird zum Mainstream: Wer dann aktuell sein will, wird betont ruhigen Content posten.

WARUM ORGANISCH?

Kannst du einfach auf organische Reichweite und »das normale Posten« verzichten und den Mehraufwand an Zeit, Kreativität und Know-how ausgleichen, indem du dein Werbebudget aufstockst? Lieber nicht. Aus drei Gründen.

Grund eins. *Organische Posts erhöhen indirekt die Effizienz deiner Ads und du sparst dir damit Werbekosten.* Für die Algorithmen von *Facebook* oder *Instagram* ist es wichtig, dass deine Seite gut gepflegt ist und du regelmäßig Inhalte postest. Sie belohnen dich dafür, indem sie dir mehr Reichweite für dein Werbegeld geben.

Grund zwei. *Organische Posts sind gut fürs Image.* Gelangen potentielle Kunden auf deine Seite und sehen sie dort kaum Aktivität, können sie das als negativ empfinden. Dass sie deine Seite in diesem Fall abonnieren, ist unwahrscheinlich. Accounts, die nur Werbeanzeigen ausspielen und gar keine organischen Inhalte vorweisen, wirken schnell leer und es fehlt ihnen an Aussagen.

Grund drei. *Organische Posts schaffen Nähe zu deinen Zielgruppen.* Diese Nähe war in der Geschäftswelt schon immer ein entscheidender Faktor. Gut gepflegte Social-Media-Accounts sind eine relativ einfache, planbare und konkret umsetzbare Möglichkeit, diese Nähe herzustellen.

ORGANISCH POSTEN: DIE VOR- UND NACHTEILE

Vorteil eins: *Du brauchst kein Werbebudget.* Dein Content orientiert sich nicht an Bezahlschranken und verbreitet sich dennoch gut, wenn du damit Menschen informierst, inspirierst, begeisterst oder unterhältst.

Vorteil zwei: *Du wirkst sympathisch und vertrauenswürdig.* Einen Account, der ausschließlich aus Ads besteht, finden User ungefähr so toll wie ein Postfach voller Prospekte.

Vorteil drei: *Du lernst, worauf du setzen musst.* Wenn ein Thema organisch funktioniert, ist es am ehesten sinnvoll, Werbebudget zu investieren und (mehr) Social-Media-Ads zu schalten.

Nachteil. *Bei organischer Reichweite bist du besonders gefordert.* Konzeption, Umsetzung und Nachbearbeitung deiner Posts kosten nicht nur Zeit und kreative Energie. Bei der Produktion von gutem Content können auch Spesen anfallen. Natürlich kannst du einiges davon an professionelle Dienstleister auslagern, aber das kostet eben Geld.

Fazit. Eine schön gepflegte Seite mit passenden Inhalten ist viel wert und der Grundstein für erfolgreiches Social-Media-Marketing. Deine Ads können noch so toll und noch so genau auf deine Zielgruppen abgestimmt sein, wenn sich dahinter kein ansehnlicher Account verbirgt, haben sie es schwer.

ORGANISCH IST NICHT GENUG

Dass thematisch zu deiner Geschäftsidee passender organischer Content viral geht, schaffst du mit Glück, Erfahrung, Können und der Marktbeobachtung in anderen Ländern vielleicht in Ausnahmefällen, aber keinesfalls regelmäßig. Meine Empfehlung lautet deshalb:

Konzentriere dich im ersten Jahr auf organische Posts und lerne dabei deine Zielgruppen kennen. Fange gleichzeitig mit der gezielten Schaltung von Ads zu funktionierenden Themen an, insbesondere auf Facebook wirst du fast nur mit Ads Erfolg haben.

FÜNF TIPPS ZUR STEIGERUNG DER ORGANISCHEN REICHWEITE

Facebook und *Instagram* wollten verhindern, dass alle mit ihnen Geld verdienen können und sie selbst dabei leer ausgehen. Das haben die beiden Plattformen geschafft. Jetzt ist es so, dass alle mit ihnen Geld verdienen können, bloß sie selbst verdienen am meisten. Die Bezahlschranken für die Reichweite sind der Hauptgrund dafür. Trotzdem kannst du in allen sozialen Medien noch organische Reichweite erzielen, besonders auf *YouTube*. Hier findest du die fünf wichtigsten Tipps für organischen Erfolg, kurz zusammengefasst.

Tipp eins. *Denke wie ein Journalist.* Je mehr Unternehmen die sozialen Medien nützen, desto größer wird die Konkurrenz im Kampf um die Aufmerksamkeit der User. Deine Posts müssen also deiner Community einen Mehrwert bringen, gut gemacht sein und zu deiner Zielgruppe passen. Denke also wie ein Journalist und produziere Neuigkeiten, die interessant und aktuell sind.

Zweitens. *Achte auf das Timing.* Poste deine Beiträge nicht einfach dann, wenn sie fertig sind. Auch Sonntag im Morgengrauen oder Montag um zwei Uhr nachts sind keine idealen Zeitpunkte. Auf *Facebook* liegst du am frühen Nachmittag und ab circa 18 Uhr immer im grünen Bereich. Auf *Instagram* haben sich bei einigen unserer Firmenkunden die Tage Mittwoch und Donnerstag als gut erwiesen. Regeln, die immer funktionieren, gibt es allerdings nicht. Das Timing hängt auch von deiner Zielgruppe, etwa der Altersgruppe, ab. Poste deshalb vor allem zu Beginn an verschiedenen Tagen und zu verschiedenen Uhrzeiten und beobachte, wann deine Community am stärksten reagiert. Unser Hausverstand sagt uns schon, dass es nicht vernünftig ist, um zwei Uhr in der Nacht zu posten, denn zwischen null und vier Uhr sind die wenigsten Menschen online. Zwischen 18 und 24 Uhr werden die sozialen Medien am meisten genutzt. Die folgende Grafik kann dir gute Anhaltspunkte liefern, um den allerbesten Zeitpunkt für deine Posts zu finden.

07:00 Uhr

08:00 Uhr

09:00 Uhr

10:00 Uhr

11:00 Uhr

12:00 Uhr

13:00 Uhr

14:00 Uhr

15:00 Uhr

16:00 Uhr

17:00 Uhr

18:00 Uhr

19:00 Uhr

20:00 Uhr

21:00 Uhr

22:00 Uhr

23:00 Uhr

00:00 Uhr

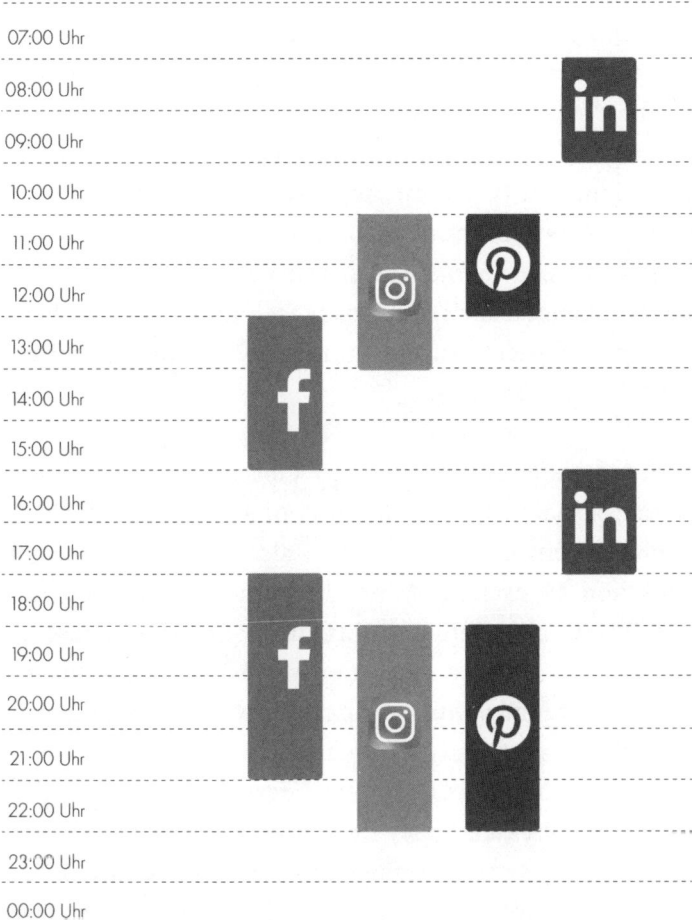

Drittens. *Sieh dir an, was bei anderen funktioniert.* Es gibt Unternehmer, die sehr erfolgreich sind, weil sie laufend den amerikanischen Markt beobachten und Geschäftsmodelle, die dort funktionieren, an Europa anpassen und hier umsetzen. Daran ist nichts Unmoralisches. Sie liefern einen Mehrwert für europäische Kunden und für die europäische Volkswirtschaft. Genauso kannst du es mit deinen Posts machen. Niemand ist so gut, dass er jede Woche drei geniale Ideen entwickeln kann. Sieh dir also an, welcher Content in anderen Ländern erfolgreich war und nimm dir daran ein Beispiel.

Viertens. *Interagiere mit deiner Community.* Die Bezeichnung »soziale Medien« kommt nicht von ungefähr. Es geht im Kern um Beziehungen, also um die Interaktion zwischen Menschen. Wenn du immer nur postest und die Reaktionen deiner Community ignorierst, bist du wie der Typ auf der Party, der immer nur redet, nie zuhört und irgendwann ziemlich allein mit seinem Bier in einer Ecke sitzt und Selbstgespräche führt. Je mehr du auf deine Community eingehst, desto höher ist auch die Wahrscheinlichkeit, dass sie deinen Content weiterempfiehlt. Beantworte, kommentiere oder like also ihre Rückmeldungen, sofern sie nicht absoluter Trash sind. User mit extrem reichweitenstarken, top-professionellen und dementsprechend lukrativen Accounts setzen eigene Mitarbeiter dafür ein.

Fünftens. *Gründe Gruppen.* Gruppen, wie sie besonders auf *Facebook* erstellt werden können, haben zwei große Vorteile: Weil der Beitritt zu ihnen einer Einladung bedarf und sie sich nicht einfach durch eine *Facebook*-Suche auffinden lassen, haben sie exklusiven Charakter. Ihre Mitglieder nehmen den dort geposteten Content eher wahr. Wichtig dabei ist wie in jeder analogen Gruppe, dass die Mitglieder zueinander passen, dass sie ein gemeinsames Interesse haben: Sie gehören der gleichen Familie an, arbeiten beim gleichen Unternehmen, betreiben die gleiche Sportart, fahren die gleiche Automarke, und so weiter. Die Posts sollten sich im Wesentlichen um dieses gemeinsame Interesse drehen. Richte wegen der höheren Aufmerksamkeit in Gruppen deine Gruppenposts genau auf das Gruppenthema aus. Direkte Werbung ist dort aber gar nicht gerne gesehen und zerstört das Klima.

Zwei Fehler beim Aufbau organischer Reichweite, die du unbedingt vermeiden solltest.

Fehler eins. *Geschäftsidee und Posts passen nicht zusammen.* Was bringt organische Reichweite? Was hast du davon, wenn viele User deinen Post sehen, liken oder teilen? Die Antwort auf diese Frage hängt davon ab, wie viel der Inhalt deines Posts mit deiner Geschäftsidee zu tun hat. Der häufigste Fehler in diesem Bereich besteht darin, dass Inhalt und Geschäftsidee nicht zusammenpassen.

Wenn du zum Beispiel als Installateur ständig Witze postest, die mit dem Thema Installation nichts zu tun haben, erntest du dafür vielleicht Likes, aber sie bringen dir nichts. Du bekommst dadurch keine neuen Aufträge. Diese Likes liefern dir auch keine Erkenntnisse über deine Zielgruppen. Deine Community fragt sich wahrscheinlich auch, warum sie ihr Badezimmer von einem Mann machen lassen soll, der nichts als Witze im Kopf hat.

Ein Beispiel für so ein Missverhältnis lieferte einmal eine deutsche Bank, die vor einigen Jahren ein Lied coverte und ein witziges Video dazu produzierte. Der Versuch, mit diesem Video digital, jung und cool zu wirken, ging allerdings nach hinten los. Die Bank bekam jede Menge negative Presse. Denn das Image des Videos passte nicht zum Image der Bank und schon gar nicht zu den Produkten. Das Ganze wirkte wie ein lächerlicher Versuch, sich an die Jugend anzubiedern. Stellt sich ein Unternehmen in seinen Posts als hip und digital dar, die Website (oder die Mobile-Banking-App) dieses Unternehmens sieht aber aus, als hätte sie Fred Feuerstein programmiert, wird das Ganze zur Lachnummer.

Ich erlebe es oft, dass jemand auf seinem Social-Media-Account das Ziel aus den Augen verliert. In der Schule hieß das Themenverfehlung. Selbst wenn derartige Beiträge »viral gehen«, also enorm viel Aufmerksamkeit auch außerhalb der eigenen Community bekommen, bringt das nichts.

Regelmäßig fragen mich Kunden, die zum Beispiel einen *YouTube*-Kanal betreiben, was sie mit zwei- oder dreihunderttausend Aufrufen eines ihrer Videos, das an ihrem Thema vorbeigeht, anfangen können. »Nichts«, antworte ich ihnen. »Sie können sich darüber freuen, die Motivation daraus mitnehmen und es beim nächsten Mal mit einem passenden Video versuchen.«

Fazit. Einfach so vor sich hinzuposten und zu schauen, was passiert, genügt nicht. Mit Witzen lässt sich eine Witzseite bewerben, ein Installateur vergeudet damit seine Kreativität, seine Zeit, womöglich auch sein Geld und schadet sich am Ende noch selbst damit.

Fehler zwei. *Zu viele und zu lange Pausen.* »Nichts bringt dich schneller an dein Ziel, als eine Pause«, lautete einmal ein *BERGSTEIGER*-Post. Auf dem Foto dazu streckten Bergsteiger vor einer Berghütte die Beine in die Sonne.

Der Satz zeigt, wie falsch solche Weisheiten in anderen Zusammenhängen manchmal sein können. Denn beim Pflegen deiner organischen Reichweite bringt dich nichts langsamer an dein Ziel als eine Pause. Besser gesagt kommst du mit regelmäßigen Pausen nie an dein Ziel.

In dem Moment, in dem du auf den sozialen Medien die Beine in die Sonne streckst, steigst du schon wieder ab und merkst es vielleicht gar nicht. Wenn du deine Aktivitäten für ein halbes Jahr einstellst und danach wieder etwas postest, erzielt dieser Post niemals die gleiche Reichweite wie dein letzter Post vor dieser Pause. Der Algorithmus lässt es nicht zu. Er bestraft Faulenzer.

Trotzdem kann Regelmäßigkeit Kreativität nicht ersetzen. Mit langweiligem Zeug kannst du noch so diszipliniert sein, es bringt dir nichts. Außer vielleicht, dass all deine Abonnenten vor der Langeweile, die du ausstrahlst, flüchten. Um die Kontinuität nicht zu verlieren und die Situation zu vermeiden, dass dir nichts Aussagekräftiges mehr einfällt, eignet sich am besten ein Redaktionsplan, in dem du die Themen und Posts zumindest einen Monat im Voraus planst. Eine Vorlage kannst du dir hier herunterladen:

cashbook.digital/redaktionsplan

Fazit. Ausdauer entsteht aus einer Begeisterung und wenn du das richtige Thema für dich gefunden hast. Sie ist nötig, um bei der organischen Reichweite, bei der sich Pausen rächen, auf Dauer durchzuhalten. Umgekehrt ersetzt Regelmäßigkeit weder Authentizität noch Kreativität.

PERFORMANCE-MARKETING UND BEZAHLTE REICHWEITE

Die sozialen Medien, allen voran Facebook, bieten Werbemöglichkeiten an und sie werden immer mehr und besser. Wenn du sie richtig einsetzt, sind sie ein mächtiges Werkzeug beim Geldverdienen mit den sozialen Medien.

Nehmen wir zum Beispiel einen *Facebook*-Post als Ausgangspunkt, den 5.000 User gesehen haben. Nun möchtest du seine Reichweite erhöhen und damit 100.000 User erreichen. Also stellst du deine Zielgruppe ein und investierst in den Post zum Beispiel fünfzig Euro. Du siehst, dass er jetzt 82.000 User erreicht hat und du deinem Ziel ziemlich nahe gekommen bist. Diese simple Übung fällt bereits unter Performance-Marketing.

Performance-Marketing ist ein Überbegriff für jede Art von kennzahlenbasiertem, also messbarem Marketing. Er bezieht sich nicht bloß auf die sozialen Medien, sondern zum Beispiel auch auf Marketing über *Google Ads* oder Suchmaschinenoptimierung. Es geht also um Marketing überall dort, wo sich Reichweite, Interaktion, Verweildauer, Verkäufe und Ähnliches exakt messen lassen.

Wozu ist diese Messbarkeit gut? Sie versetzt dich in die Lage, dein Ziel zu definieren, zum Beispiel 100.000

User zu erreichen oder 10.000 Euro Umsatz mit einem bestimmten Produkt zu erzielen, und die übrigen Parameter, also zum Beispiel die Höhe des dafür nötigen Werbebudgets, ziemlich genau zu berechnen.

In diesem Zusammenhang habe ich nach »Leads«, »Funnels« und »Performance-Marketing« noch ein weiteres Fachwort aus der Marketingsprache für dich, das du dir merken solltest. Es lautet »Key Performance Indicator«, kurz »KPI«. Es ist ein Überbegriff für alle Kennzahlen, mit denen du im Performance-Marketing arbeiten kannst. Hier einige Beispiele für KPIs:

Die Zahl der erreichten User.

Die Zahl der Interaktionen mit Usern (Liken, Teilen, etc.).

Die Zahl neuer Abonnenten.

Die Zahl neu gewonnener Leads (Kontaktdaten potenzieller Kunden).

Die Zahl neuer Newsletter-Abonnenten.

Die Zahl der von Usern getätigten Einkäufe.

Die Höhe des mit den von Usern getätigten Einkäufen erzielten Gewinnes, nach Abzug der Werbekosten und aller anderen Ausgaben.

Der ROAS. Das ist der nächste wahrscheinlich für dich neue Begriff, der im Performance-Marketing eine wichtige Rolle spielt. ROAS ist die Abkürzung für »Return on Ad Spend« und gibt das Verhältnis zwischen deinem Umsatz und deinen Werbeausgaben an.

Hier sind wir bei den Details des großen Vorteils von Geldverdienen mit *Facebook, Instagram, YouTube* und Co. angelangt, des Vorteils der Kalkulierbarkeit jeden Risikos. Du kannst sicherstellen, dass du für dein Werbegeld auch etwas bekommst. Du kannst bei deinen Social-Media-Werbekampagnen einfach deine gewünschten KPIs einschließlich des Werbebudgets hinterlegen und beobachtest dann ihre aktuelle Entwicklung auf der jeweiligen Plattform. Wenn Werbeanzeigen während ihrer Verlaufzeit die gewünschten KPI-Werte nicht erreichen, kannst du sie einfach stoppen oder das über eine »Regel« auf *Facebook* sogar automatisiert veranlassen. Du behältst so dein restliches Werbebudget.

Du kannst zum Beispiel als ROAS den Wert 2 ansetzen und für dich als Mindestmaß festlegen. Das bedeutet dann, dass deine Werbeanzeige mit tausend Euro Werbeausgaben mindestens 2.000 Euro Umsatz erzielen muss. Erzielst du diesen Umsatz, läuft die Aktion weiter, bis die Summe, die du als Werbebudget eingegeben hast, ausgegeben ist. Liegt dein ROAS unter 2, stoppt die Aktion automatisch.

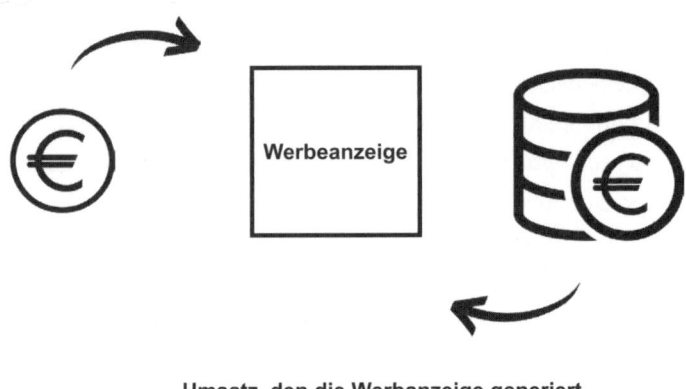

$$ROAS = \frac{\text{Umsatz, den die Werbanzeige generiert}}{\text{Ausgabe der Werbanzeige}}$$

Der Schlüssel zu gutem Performance-Marketing ist die richtige Auswahl der KPIs. Verzichtest du darauf, kannst du um dein Werbegeld genauso gut Plakate drucken lassen und sie auf irgendwelchen Kaffeehauswänden aufhängen. Denn falls dir dein eingesetztes Werbebudget überhaupt etwas bringt, weißt du nicht genau, was und wie viel, und weg ist es in jedem Fall.

Wichtig beim Performance-Marketing ist auch, dass du ständig alle Daten sammelst. Ein Beispiel: Wenn du mehrere Produkte anbietest, wie der Webshop von *BÈRGSTEIGER*, musst du zur Festlegung deiner KPIs wissen, wie groß dein Umsatz mit einem durchschnittlichen Warenkorb ist. Wie viel geben deine Kunden bei einem Besuch in deinem Webshop durchschnittlich aus?

Bei *BÈRGSTEIGER* sind das fünfzig Euro. Mit dieser Information wissen wir auch, wie viele Kunden wir monatlich zum Einkauf bei uns bewegen müssen, um unser festgelegtes Ziel zu erreichen, 20.000 Euro Monatsumsatz zu generieren: 400.

Die goldene Regel bei Werbe- und Marketingausgaben in den sozialen Medien lautet:

Blind drauflos zu zahlen ist immer ein Fehler.

Du brauchst beim Ausgeben deines Werbebudgets immer einen Plan. In der Wirtschaft, etwa bei Aktienverkäufen, hat sich erwiesen, dass Menschen, die einem Plan folgen, selbst dann erfolgreicher sind, als Menschen, die spontan handeln, wenn der Plan falsch ist. Warum? Weil beim Planen die Gefühle nicht an erster Stelle stehen. Gefühle schaden bei Geschäften immer. Die in der Wirtschaft am häufigsten auftretenden Gefühle sind Angst und Gier. Wenn du spontan handelst und Angst bekommst, das Ganze könnte doch ein Flop werden, brichst du vielleicht zum falschen Zeitpunkt ab. Wenn dich deine Gier übermannt, stockst du dein Werbebudget nach ersten Erfolgen vielleicht zum falschen Zeitpunkt in der falschen Höhe auf.

Schreibe dir zunächst das Ziel auf, das du mit deinem Performance-Marketing erreichen willst. Zum Beispiel:

Mein Ziel besteht darin, mit fünfzig Euro Warenkorb je Einkauf 400 Kunden im Monat zu gewinnen und mit ihnen 20.000 Euro Umsatz und nach Abzug meiner Selbstkosten und Steuern 4.000 Euro Gewinn zu erzielen.

EIN SIMPLES BEISPIEL FÜR PERFORMANCE-MARKETING

Nachdem Performance-Marketing der komplexeste Teil im Social-Media-Bereich ist, wollen wir hier wie gesagt keinen Tiefgang machen. Ich möchte dir stattdessen eine simplifizierte *Facebook*-Kampagne vorstellen, über die du ein Grundverständnis von der Materie bekommst und die dir zur Orientierung bei deinen ersten eigenen Überlegungen dient.

Sagen wir, du kennst dich besonders gut mit einer bestimmten Diät aus und möchtest deiner Community beim Abnehmen helfen, indem du ihr kostenpflichtige Online-Seminare zu diesem Thema anbietest. Du legst als Preis dafür fünfzig Euro fest. Das ist dein Geschäftsmodell, das du durch Performance-Marketing umsetzten möchtest. Buchen können User das Webinar auf deiner Landingpage, auf der du einen entsprechenden Anbieter, zum Beispiel *GoToWebinar*, integriert hast. Dein *Facebook*-Werbekonto hast du bereits eingerichtet. Wenn nicht, findest du hier Hilfe beim Einrichten sowie direkte Links zu *Facebook:*

cashbook.digital/facebook

So gehst du vor:

Schritt eins. *Definiere dein Ziel, also deinen wichtigsten KPI.* Naheliegend ist in diesem Fall die Teilnehmerzahl. Sagen wir, es sollen hundert sein. Dein KPI lautet also: »100 Teilnehmer«.

Schritt zwei. *Erfasse deine Zielgruppe.* Angenommen, du hast bisher eine kleine *Facebook*-Community von 3.000 Abonnenten, die sich ausführlich mit deinen Themen, Abnehmen und Gesundheit, beschäftigt. Deine *Facebook*-Fans, also jene Personen, die deine Seite abonniert haben, sind somit bereits eine potenzielle Zielgruppe für dein Webinar. Du kannst auch deren demografische Daten, also Geschlecht, Alter, Land, Stadt und Sprache, über die sogenannten »Zielgruppeninsights« unter »Personen« einsehen. So erkennst du etwa, dass Frauen zwischen 25 und 34 Jahren, die in Deutschland leben, den Hauptteil deiner Abonnenten ausmachen. Als potenzielle Webinar-Kunden können wir also, gereiht nach Wahrscheinlichkeit, folgende Personengruppen annehmen:

User, denen deine Seite gefällt.

User, denen deine Seite noch nicht gefällt, die aber deinen Abonnenten laut Facebook ähnlich sind, sogenannte »Lookalike Audiences«.

Frauen im Alter zwischen 25 und 34 Jahren, die sich
für die Themenbereiche Abnehmen und Gesundheit
interessieren und in Deutschland leben.

Es ließen sich jetzt noch mehr potenzielle Zielgruppen definieren, allerdings ist es eine Frage der vorhandenen Daten und des Budgets, ob es sinnvoll ist, so viele gleichzeitig anzusprechen. Wer auf zu viele gleichzeitig schießt, trifft oft weniger.

Tipp: Wenn du auf *Facebook* etwas nicht findest, suche einfach im Hilfebereich für Unternehmen unter *https:// www.facebook.com/business/help/* durch die Eingabe von Stichworten danach.

Schritt drei. *Berechne dein Werbebudget.* Ausgehend von unserem Preis von fünfzig Euro und unserem Ziel, hundert zahlende Teilnehmer zu erreichen, ergibt sich ein potenzieller Umsatz von 5.000 Euro. Der Einfachheit halber lassen wir in unserem Beispiel die Steuer einmal weg, grundsätzlich darfst du aber darauf nicht vergessen. *Facebook* zeigt dir nämlich immer nur den Umsatz inklusive Steuer an. In Deutschland musst du also 19 Prozent und in Österreich zwanzig Prozent für das Finanzamt abziehen.

Aus dem Werbeanzeigenmanager könnten wir uns jetzt die potenzielle Reichweite unserer Zielgruppe ableiten und ein Kosten-Umsatz-Verhältnis berechnen. Eine Faustformel für einen Näherungswert ist aber, dass in etwa ein Drittel des Umsatzes als Werbebudget notwendig sein wird. Nehmen wir in unserem Fall also dreißig Prozent der 5.000 Euro an. Das sind rund 1.500 Euro, die wir für das Werbebudget veranschlagen.

Ein Teilnehmer kann uns also im Durchschnitt 15 Euro Werbebudget kosten. Das setzt du dir im ersten Schritt als eigene Zielvorgabe. Deine Selbstkosten für Studio, Maske, Equipment und das Webinar-Tool schätzt du auf 2.000 Euro. Dir bleiben also 1.500 Euro als Gewinn übrig, wenn du alle Plätze mit dem kalkulierten Werbebudget verkaufst.

Schritt drei. *Berechne deinen Mindest-ROAS (Return On Ad Spend).* Wenn du dein kalkuliertes Werbebudget einsetzt und alle Plätze verkaufst, ergibt das einen ROAS von 3,33. Das ist der Umsatz, dividiert durch das Werbebudget, also 5.000 Euro durch 1.500 Euro. *Facebook* erhebt den ROAS bei jeder Werbeanzeige, bei der es darum geht, online Käufe zu erzielen. Du musst dazu das *Facebook*-Pixel, ein Analyse-Tool, mit dem du die Handlungen (etwa Käufe) von Usern auf deiner Website erfassen kannst, einrichten. Mehr dazu findest du im Kapitel »Tracking«.

Dieses Tool ermöglicht es dir dann, durch das Verwenden sogenannter »Regeln« Werbeanzeigen automatisch abzuschalten, die einen bestimmten ROAS-Wert unterschreiten. Um sicherzustellen, dass du dein Budget nicht überschreitest, kannst du also im nächsten Schritt für deine Werbeanzeigen jeweils eine Regel erstellen, die deine Werbeanzeigen automatisch deaktiviert, wenn der

Mindest-ROAS zu niedrig ausfällt. In unserem konkreten Beispiel kannst du daher einen Mindest-ROAS von 3 oder auch 3,33 festlegen.

Schritt vier. *Richte deine Werbeanzeigen auf Facebook ein.* Da es sich um ein termingebundenes Angebot handelt, ist es ratsam, zumindest vier Wochen vor dem Termin mit der Bewerbung zu starten. Richte deine Werbeanzeigen mit Unterstützung von *Facebook* ein und statte sie mit automatischen Regeln aus. Gehe dazu auf deiner *Facebook*-Seite oder der deines Unternehmens in das »Ad Center« oder rufe den Werbeanzeigenmanager unter *https://www.facebook.com/adsmanager* auf.

Facebook unterstützt dich insbesondere beim Erstellen der ersten Werbeanzeigen mit Tipps und Hinweisen, die du beachten solltest. Vor allem gibt es oftmals Änderungen, die dann explizit erwähnt werden. Die beste und aktuellste Unterstützung beim Einrichten deiner Werbeanzeigen ist der Hilfebereich für Unternehmen. Hier nochmal der Link dorthin: *https://www.facebook.com/business/help/.*

Schritt fünf. *Starte deine Werbeaktion und entspanne dich.* Es kann nichts schiefgehen. Geht die Rechnung nicht auf, erledigt sich die Aktion von selbst. Während du bei einer klassischen Werbeaktion zu diesem Zeitpunkt tausende Euros verloren hättest, sind es bei dir bloß fünfzig oder maximal ein paar hundert. Beobachte deine Werbeanzeigen aber, so kannst du zum Beispiel das Budget noch etwas anheben, wenn du möchtest, oder die ROAS-Regel adaptieren. Für die letzten Plätze kannst du zum Beispiel drei Tage vor dem Webinar eine eigene Werbeanzeige mit dem Hinweis »Noch wenige Plätze frei!« schalten. Verknappung wirkt auch im Social-Media-Marketing ausgezeichnet.

Wenn die Kampagne nicht aufgeht, arbeite an deinem Geschäftsmodell, deinem grafischen Auftritt und probiere es mit neuen KPIs noch einmal. Zum Bespiel kannst du deine Nebenkosten senken. Gibt es ein günstigeres Studio? Brauchst du überhaupt ein Studio? Kann die Maske ein Freund oder eine Freundin übernehmen? Brauchst du einen Teleprompter? Und so weiter. Eines aber ist fix:

Wenn dein Produkt für irgendeine Zielgruppe passt, wirst du sie über die sozialen Medien nach einigen Tests auch erreichen und dabei Geld verdienen.

Wenn die Werbeaktion aufgeht, kostet sie dich mindestens 1.500 Euro. Das ist zu viel Geld, denkst du. Dieser Gedanke ist natürlich falsch. Du kaufst dir darum ja 5.000 Euro Umsatz und machst damit unter dem Strich 1.500 Euro Gewinn. Die Werbeausgaben kommen umgehend zurück, ebenso alle anderen Ausgaben. Wenn du nicht nur einmal, sondern viermal im Monat ein derartiges Webinar hältst, kannst du damit 6.000 Euro Gewinn erzielen.

Das ist mehr, als 98 Prozent der Menschen mit einem normalen Angestellten-Job verdienen.

Du kannst im schlimmsten Fall wie gesagt nur die ersten fünfzig bis maximal ein paar hundert Euro für deine Werbekampagne verlieren. Doch das Ganze funktioniert auch andersherum. Wenn dein Webinar nach vier Stunden ausgebucht ist, kannst du die Werbung ebenfalls abstellen. Der Gewinn, der dir nach Abzug aller Kosten vom Umsatz bleibt, wächst und du kannst dir dein Werbebudget für andere Vorhaben sparen. Auch das wäre bei einer klassischen Werbekampagne unmöglich.

Die Faustregel lautet, dass du in den sozialen Medien zwanzig bis dreißig Prozent deines Verkaufspreises als Werbebudget aufwenden musst, damit die User »konvertieren«, sich also für dein Angebot entscheiden und kaufen beziehungsweise buchen.

Fazit. Henry Ford sagte einmal: »Ich weiß, die Hälfte meiner Werbung ist hinausgeworfenes Geld. Ich weiß nur nicht, welche Hälfte.« Das ist in der Wahrnehmung von Vertretern der alten Schule oft heute noch die goldene Regel. Beim Performance-Marketing in den sozialen Medien ist diese Regel Blech. Du kannst sie gleich wieder vergessen. Denn du weißt, welche fünfzig Prozent ins Leere gehen, und du weißt es früh genug, um es zu verhindern.

FUNNELS

Wenn du deine Werbekampagne planst, erscheint es vielleicht naheliegend, Ads mit dem Inhalt »Buche dieses Webinar!« oder »Jetzt dieses Armband kaufen!« zu produzieren und zu hoffen, dass es klappt.

Nur klappt das, wie die Erfahrung immer wieder zeigt, schlecht oder gar nicht. Viel besser ist es, wenn du eine »Funnel«-Logik aufbaust. Damit verführst du potenzielle Kunden allmählich und in mehreren Schritten dazu, bei dir einzukaufen oder deine Angebote zu buchen. Funnels zu bauen gehört zu den wichtigsten Methoden des Performance-Marketings.

Wörtlich übersetzt bedeutet Funnel so viel wie Trichter. In unserem Fall handelt es sich um einen Verkaufstrichter. Oben wirfst du Daten hinein, unten kommen Umsätze heraus. So ein Trichter hat mehrere Stufen, in denen du an die Menschen, die hinter diesen Daten stehen, unterschiedliche Botschaften in Form von Ads sendest.

Du sprichst in der ersten Funnelstufe ein breites
Publikum an und spezialisierst deine Zielgruppe von Stufe
zu Stufe auf Basis der jeweils gewonnen Erkenntnisse.

Basierend auf diesem Grundprinzip können Funnels ganz unterschiedlich aussehen und aufgebaut sein. Zum Beispiel so:

In der ersten Funnelstufe *sprichst du alle Menschen an, die dir bereits folgen und die du über die Zielgruppeneinstellungen der jeweiligen Plattform erreichen kannst.* Bei BËRGSTEIGER waren das alle Follower auf *Facebook, Instagram* und *Pinterest* sowie alle Bergsteiger, die wir über die Zielgruppen-Einstellungen dieser drei Plattformen ansprechen konnten.

In der ersten Stufe ist aus deinen Ads noch nicht klar ersichtlich, dass du etwas verkaufen möchtest. Deine Produkte können auf einem Foto oder einem Video sichtbar sein, aber sie dürfen nicht schreien: »Kauf mich!«

Jemand sucht dann zum Beispiel auf *Pinterest* Bilder von Wildbächen und findet ein schönes Foto, auf dem zwischen Enzian und sprudelndem Wasser irgendwo ein *BËRGSTEIGER*-Rucksack an einem Felsen lehnt.

Kurz gesagt: Es geht in der ersten Funnelstufe meist um subtiles Schaffen von Markenbewusstsein, um »Brand Awareness«. Es muss fast so wie bei einem Film sein, bei dem du am Ende erfährst, dass er mit Produktplatzierungen gearbeitet hat, dich aber vergeblich zu erinnern versuchst, an welcher Stelle das der Fall gewesen sein könnte.

In der zweiten Funnelstufe *wendest du dich an alle User, die deinen Content in der ersten Stufe gesehen oder vielleicht sogar darauf reagiert haben.* Sie sehen nun etwas, das sie schon kennen, noch einmal, was im Idealfall ein Aha-Erlebnis bei ihnen auslöst.

Dein Post ist diesmal aber anders gestaltet. Er lädt zur Interaktion ein, also zum Klicken, Liken oder Kommentieren, und macht vielleicht schon klar, dass der Rucksack käuflich erwerbbar ist. Die User können schon einmal darüber nachzudenken anfangen, ob sie ihn haben wollen.

Jetzt kannst du den Usern zum Beispiel einen spannenden Blog-Artikel von dir oder eine Newsletter-Anmeldung vorschlagen oder sie zu einem Gewinnspiel einladen. Je nachdem, was am besten zu deinem Produkt und deiner Marke passt. Auch hier geht es noch nicht um den direkten Verkauf. Hier förderst du wie gesagt die Interaktion, sorgst für Aufrufe deiner Website und misst, wie gut beziehungsweise bei wem deine Aktivitäten ankommen.

Bei Usern, die auf irgendeine Art interagieren, ist die Wahrscheinlichkeit, dass sie den Rucksack haben wollen, jetzt schon viel höher als in der ersten Funnelstufe.

In der dritten Funnelstufe *wirst du direkt.* Jetzt spielst du Ads aus, in denen du die User zum Kauf animierst. Du leitest sie auf deine Website oder deinen Shop weiter und hoffst, dass sie dort stöbern und eines deiner Produkte in den Warenkorb legen. Idealerweise ist deine Website und dein Shop so aufgebaut, dass User geführt und nicht verwirrt oder abgelenkt werden. Das reicht allerdings in vielen Fällen noch nicht aus. Viel mehr User als du denkst lassen ausgewählte Produkte in ihrem

Warenkorb herumliegen. Sie vergessen darauf, sie tatsächlich zu kaufen, oder wollen sich vor überstürzten Entscheidungen schützen und schließen die Website wieder.

In der vierten Funnelstufe *geht es darum, den Ball ins Tor zu bekommen.* Darauf legst du jetzt deinen Fokus. Du konzentrierst dich auf die User, die sich Produkte angesehen oder in den Warenkorb gelegt haben und zeigst ihnen offensiv nur noch die passenden Produkte. Alles andere stellst du für diese User ab. *Facebook* bietet dafür eine eigene Werbeanzeigenform, die »Dynamic Ads«, an.

Du kannst noch mehr herausholen, wenn du deine Website clever aufbaust. Um das Produkt in den Warenkorb zu legen oder auf eine Merkliste zu setzen, mussten sie sich vielleicht schon anmelden, weshalb du auch die E-Mail-Adressen von einigen dieser »Abbrecher« hast und sie automatisiert erinnern kannst. Das klingt hartnäckig, aber es zeigt Wirkung, wie ich manchmal an mir selbst beobachten kann.

Wir sprechen bei diesem Verfahren, dem neuerlichen Ansprechen von Usern mit anderem Content oder über andere Seiten, von Retargeting. »Targeting« bedeutet, User, die bestimmte Parameter erfüllen, mit Ads anzusprechen. »Retargeting« bedeutet, kurz gesagt, User, die bereits in irgendeiner Form Interesse gezeigt haben und meistens schon einmal deine Website oder deinen Shop besucht haben, noch einmal auf das Produkt aufmerksam zu machen. Es bedeutet, an ihnen dranzubleiben.

Retargeting ist im Vergleich zur Erstansprache durch Social-Media-Ads eine besonders effiziente Möglichkeit, Ergebnisse zu erzielen.

Retargeting-Kampagnen sind besonders in den Wochen vor Weihnachten, von November bis Anfang Dezember gut eingesetzt. Das liegt daran, dass aufgrund von Black Friday, Cyber Monday und Weihnachten noch mehr Unternehmen als sonst um die Aufmerksamkeit der User kämpfen und du dein Werbebudget erhöhen musst, um trotzdem sichtbar zu bleiben. Wenn du da auf User setzt, die schon Interesse an deinem Account, deiner Website oder deinem Webshop gezeigt haben, musst du nicht so sehr im großen Rennen mithecheln und hast aufgrund der präzisen Retargeting-Ads geringere Kosten. Du solltest das immer im Hinterkopf haben und dafür in den anderen Monaten des Jahres genug Daten beschaffen.

Die Werkzeuge, die dir bei Marketing-Kampagnen zur Verfügung stehen, sind vielfältig. Je mehr du dich mit ihnen beschäftigst, desto mehr Möglichkeiten tauchen auf. Du kannst zum Beispiel User, die auf deiner Seite nur beim Menüpunkt »Über uns« gelandet sind, anders behandeln als solche, die im Webshop vorbeigeschaut haben.

Beim Retargeting brauchst du, wie du vielleicht schon bemerkt hast, auch etwas mehr Geduld als für die Strategie, eindeutige Kauf-Ads mit möglichst viel Werbebudget zu posten. Du tastest dich an die User heran und lernst sie dabei kennen. Du verführst sie langsam zum Kauf. Du investierst zunächst nur in Seitenaufrufe, mit denen du noch gar kein Geld verdienst. Doch so baust du eine Datenbasis auf, mit der du am Ende sicher, nachhaltig und effizient Geld verdienst.

TIMING IST AUCH BEIM RETARGETING IMMER WICHTIG

Dazu noch ein Beispiel aus der *BËRGSTEIGER*-Welt. User, die im Herbst eine Haube im *BËRGSTEIGER*-Webshop kaufen, hören danach unter Umständen einige Monate lang nichts von uns. Erst im Frühjahr, wenn die Sonnenbrillen-Saison startet, melden wir uns wieder bei ihnen. Dann zeigen wir ihnen unsere Sonnenbrillen und versuchen, sie mit einem neuen Funnel in unseren Webshop zu lotsen. Zu viel Kontakt empfinden sie als lästig, vor allem, wenn sie schon gekauft haben und es wenig Neues gibt. In diesem Fall punktest du mit etwas Abstand.

Du solltest zwischen zwei Kontaktaufnahmen aber auch nicht zu viel Zeit vergehen lassen. Denn irgendwann erreichst du solche User gar nicht mehr. Auch dafür sorgen die Algorithmen der Plattformen. *Facebook* zum Beispiel räumt dir nicht mehr als 365 Tage nach einem Ereignis ein. Danach kannst du die relevanten Daten als Werbetreibender nicht mehr nutzen, um Kunden anzusprechen. Du solltest daher für wiederkehrende Ereignisse, Käufe und Besuche deiner Website, sorgen.

Warum macht *Facebook* das?

Die Plattform will ihren Usern relevanten und interessanten Content liefern. Innerhalb eines Jahres kann nach Meinung von *Facebook* ein bestimmtes Interesse bestehen bleiben. Doch wenn jemand sich zum Beispiel für einen bestimmten *Mercedes* interessiert und sich einige Monate später einen *Audi* kauft, will er nicht nach zwei Jahren ohne jede Interaktion wieder *Mercedes*-Werbung ausgespielt bekommen.

Facebook folgt mit solchen Regeln einer noch relativ neuen Strategie. Anfangs wollte die Plattform einfach so viel Umsatz wie möglich machen. Das will sie natürlich nach wie vor, aber schlauer. Inzwischen setzt sie auch auf ökonomische Nachhaltigkeit. *Facebook* will, dass die Werbetreibenden mit den Ergebnissen ihrer Marketingaktionen zufrieden sind und gleichzeitig das Publikum auf der Plattform sich wohlfühlt. Denn ein Unternehmen, das auf der Plattform in einem Jahr 50.000 Euro in den Sand setzt und aufhört, dort zu werben, ist für *Facebook* weniger wert als eines, das jedes Jahr 25.000 Euro gewinnbringend investiert und das Werbebudget dank seines Erfolgs womöglich allmählich sogar steigert.

Fazit. Mit Retargeting, das immer auf den Stufen Seitenbesuch, Produkt-Bewerbung und Verkauf aufbaut, kannst du besonders effizientes Marketing betreiben, gutes Geld verdienen und dir gleichzeitig eine wertvolle Datenbasis aufbauen. Das erfordert etwas mehr Geduld, aber dafür langfristig weniger Geld.

Wenn du dich einmal eingearbeitet hast, sind deine Gestaltungsmöglichkeiten vielfältig. Wenn wir bei *BERGSTEIGER* zum Beispiel herausfinden, dass ein Kunde bereits in den Dolomiten war, schlagen wir ihm einen Hoodie vor, auf dem »Dolomiten« steht.

TRACKING

Ohne Tracking kein Targeting. Zu ernsthaftem Performance-Marketing gehört neben der Funnel-Strategie auch das Tracking. Tracking legt den Grundstein dafür, wie *Facebook* und alle anderen Plattformen an die Informationen gelangen, die nötig sind, um gezielt zu werben und Performance-Marketing zu betreiben. Interagiert ein User mit dir, wissen die Plattformen durch Tracking zum Beispiel, ob er deine Website besucht hat und wie lange er dort geblieben ist.

Das Ganze läuft über Pixel.

Pixel sind Code-Schnipsel, die *Facebook* und andere Plattformen zur Verfügung stellen. *Facebook* beschreibt das System selbst im Hilfebereich für Unternehmen sehr genau. Es läuft darauf hinaus, dass du die angebotenen Pixel auf deiner Website, deiner Landingpage oder in deinem Webshop einbaust und damit Zugang zu solchen Informationen erhältst. Sollte dir die *Facebook*-Anleitung zu schwer verständlich sein, sieh dir eines der vielen *YouTube*-Tutorials zu diesem Thema an.

Mithilfe der Pixel weißt du jedenfalls am Ende ziemlich genau, welche Käufe auf welche Art entstanden sind und kannst daraus Rückschlüsse für deine weiteren Strategien ziehen. Welche Kunden kamen woher? Wie viele von denen, die auf deiner Website, auf deiner Landingpage oder in deinem Webshop waren, haben auch bei dir eingekauft? Wie hoch war der Umsatz? Die Pixel messen alles mit.

KEINE FRAGE DER MORAL

Interessanterweise haben wir ausgerechnet bei großen Konzernen manchmal Probleme, wenn wir Pixel auf ihren Seiten einbauen wollen. Denn es kann ihren eigenen Benimmregeln, den sogenannten Compliance-Regeln, widersprechen. Wir betreuen beispielsweise ein Tochterunternehmen von *BMW*, das aufgrund hauseigener Datenschutzbestimmungen lange keine Pixel erlaubte. Das bedeutet, dass sich das Unternehmen, das in seinem Webshop jährlich zwanzig Millionen Euro umsetzt, selbst um wertvolle Informationen und weitere Umsätze bringt.

Wer hat auf die Seite geklickt? Blieben die User, die es taten, bis sich die Seite ganz aufgebaut hatte? Haben sie die Seite nach dem ersten Klick wieder verlassen oder sind sie länger dortgeblieben? Wenn sie geblieben sind, wie lange? Bei welchen Usern liegt eines unserer Produkte bereits im Warenkorb oder ist auf der Merkliste? All das erfährt das betreffende Unternehmen ohne Pixel nie.

Dir sollte aber nichts im Wege stehen, mit Pixeln zu arbeiten, auch nicht deine Moral. Denn klarerweise ist der Einsatz von Pixeln durch die besonders strenge Europäische Datenschutzgrundverordnung (DSGVO) gedeckt. Du wirst natürlich nicht genau erfahren, wer die einzelnen Personen sind, da alles völlig anonymisiert von den Social-Media-Plattformen abgewickelt wird.

Drittanbieter gehen über die Angebotspallette von *Facebook* hinsichtlich der Pixel sogar hinaus. Einer dieser Anbieter ist *Hotjar*, Spezialist für Verhaltensanalysen im Internet. *Hotjar* misst die Bewegungen der Cursor der User, während sie sich auf deiner Website aufhalten, und du kannst dir genau ansehen, was sie dort getan haben.

Hotjar bietet eine Menge weiterer Werkzeuge, mit denen du messen kannst, was auf deiner Website passiert. Hier sind wir allerdings tatsächlich bereits im rechtlichen Graubereich und deine Besucher müssen dem jedenfalls ausdrücklich zustimmen. Vermutlich ist das dann auch eher schon eine Sache für Kontrollfreaks.

Einiges davon ist aber insbesondere für die Konzeption von Landingpages ganz hilfreich. Dazu gehören auch die sogenannten »Heatmaps«, die auch ohne Videos zeigen, wohin sich User mit dem Cursor bewegen und wo sie sich am häufigsten aufhalten.

Du bekommst eine Map, also eine Karte von deiner Seite, auf der viele Flecken verteilt sind. Die Dichte dieser Flecken steht für das Ausmaß der Interaktionen an der betreffenden Stelle. Gewöhnlich befinden sich links oben, entlang der Menüleiste, und rechts unten besonders viele Flecken. Solche Informationen kannst du zur Verbesserung deiner Website verwenden.

Fazit. Tracking beziehungsweise Pixel ermöglichen es dir, dein Performance-Marketing zu verfeinern, zu individualisieren und zu konkretisieren. So erhältst du Informationen, die es dir erlauben, User noch individueller und effektiver zum Einkauf zu verführen und deine Kosten unter Kontrolle zu halten. Wenn du weißt, woher die User kommen, wie lange sie auf deiner Seite geblieben sind und was sie dort getan haben, kannst du sie besser einschätzen und ansprechen. Denn:

Falsch targetierte Facebook- oder Instagram-Ads,
also Werbemaßnahmen, mit denen du dich an die
falsche oder eine unklar definierte Zielgruppe wendest,
sind rausgeschmissenes Geld.

GOOGLE ADS

Google ist zwar kein soziales Netzwerk, bei deinem Performance-Marketing solltest du aber auch die mit der weltgrößten Suchmaschine verbundenen Werbemöglichkeiten kennen. Die wichtigsten sind die *Google Ads*.

Google Ads sind Werbeanzeigen, die du direkt über *Google* schalten kannst. Das funktioniert im Unterschied zu den sozialen Netzwerken nicht über die Auswahl bestimmter Zielgruppen, sondern über Suchbegriffe.

Anders ausgedrückt: Du präsentierst deine Anzeige nur den Usern, die nach Inhalten suchen, die mit deinen Inhalten in Zusammenhang stehen. Die detaillierte und relativ gut verständliche Anleitung dafür findest du unter *ads.google.com*.

Um *Google Ads* effizient einsetzen zu können, musst du dich also fragen, nach welchen Stichworten deine Zielgruppe suchen könnte. Sucht sie direkt nach deinem Produkt, zum Beispiel mit den Schlagworten »Rucksack«, »Sonnenbrille«, »Kaffee« oder »Webinar«? Oder sucht sie eher nach verwandten Begriffen wie »Outfit Bergsteigen«, »Wiener Kaffeehauskultur« oder »Diät«?

Google selbst hilft dir bei der Beantwortung dieser Frage. Die Suchmaschine weiß, welche Suchbegriffe ihre User wie oft eingeben und zeigt dir das im Rahmen einer Keyword-Analyse mit dem *Google Keyword Planner*. Zu diesem gelangst du, indem du auf *Google* nach »*Google* Keyword Planner« suchst.

Der *Keyword Planner* gibt beispielsweise an, dass Personen im Zielgebiet Österreich jeden Monat den Begriff »Coach« zwischen 1.000 und 10.000 Mal eingeben und ein hoher Wettbewerb unter den Werbetreibenden herrscht. Schnell erkennst du dann auch, dass es ein Modelabel namens »Coach« gibt und User oft nach Taschen dieses Labels suchen. Nur auf dieses Keyword zu setzen, wenn du Coach bist, ist daher nicht schlau.

Die zweite Frage, die du dir stellen musst, lautet: Wie viel ist mir ein Klick auf meine Seite wert? Du sagst zum Beispiel: Für einen Klick gebe ich gerne zwanzig Cent aus, aber nicht mehr. Dementsprechend stellst du das dann im *Google Ads Manager* ein. Für das Beispiel »Coach« sagt uns der *Keyword Planner* aber schon vorher, dass du wegen der großen Nachfrage daran zwischen dreißig Cent und 1,30 Euro bieten musst, um an einer der oberen Positionen der Suchergebnisse aufzuscheinen.

Bietest du also genug, scheint deine *Google*-Anzeige bei der Suche nach deinen Stichworten, zum Beispiel »Coach«, oben in der Liste der Suchergebnisse auf. Sobald jemand auf den Link klickt, zahlst du maximal deinen gebotenen Preis pro Klick.

Wer mehr zahlt, hat die besten Chancen, ganz oben zu landen. Aber nicht nur das Geld entscheidet. *Google* prüft auch deine Website und wiegt bei gleich oder ähnlich hohen Geboten ab, welche Website die beste für das eingegebene Suchergebnis sein könnte. Wer am meisten zahlt, steht daher dennoch nicht unbedingt an erster Stelle.

PFLICHTPROGRAMM

Wenn du einen Webshop betreibst und Geld verdienen willst, gehört der Einsatz von *Google Ads* fast zu deinem Pflichtprogramm. Vor allem, wenn du gerade eine neue Website aufgesetzt hast und neue Produkte bewerben willst, helfen sie dir bei der Markenbildung.

Allerdings ist auch Vorsicht geboten. Als Brauerei auf den Begriff »Bier« zu setzen, ist gänzlich chancenlos. Breit gefächerte Begriffe unterliegen mittlerweile einem so starken Wettbewerb, dass du dir daran die Zähne ausbeißt. Der *Keyword Planner* schlägt dir deshalb im Bereich »Keyword-Ideen« sogar eine gute Alternativen vor. »Bier Aktion« zum Beispiel. Du kämst auf gleich viele Suchanfragen im Monat, bei günstigeren Klickpreisen und geringerem Wettbewerb.

Wenn dein Geschäft einigermaßen läuft oder wenn du Investitionskapital hast, um es aufzubauen, lohnt es sich, monatlich 500 bis 1.000 Euro in eine intelligente *Google-Ads*-Strategie zu investieren. Ich kenne mittelständische Unternehmen, die monatlich 100.000 Euro dafür ausgeben. Das klingt extrem, ist es aber nicht, denn sie erzielen dadurch auch um die 500.000 Euro mehr Umsatz.

Fazit. Mit *Google Ads* kannst du dir einen Namen machen, indem du dafür sorgst, dass deine Website im Internet auch gefunden wird. Denn wer deine Website oder deinen Webshop nicht gleich findet, wenn er nach den Produkten sucht, die du anbietest, ist ein verlorener Kunde. Kaum jemand sucht lange genug, um dich auf Seite fünf der Suchergebnisse doch noch zu finden. Andere fangen deine potenziellen Kunden ab, bevor sie dein Angebot wahrnehmen können. Besonders User, die direkt nach deiner Marke suchen, solltest du dir nicht entgehen lassen.

SUCHMASCHINENOPTIMIERUNG

Wichtig und oft unterschätzt in Sachen Sichtbarkeit auf *Google* ist die Suchmaschinenoptimierung abseits von *Google Ads*. Der Begriff »Suchmaschinenoptimierung« oder »Search Engine Optimization«, kurz SEO, bezeichnet alle denkbaren Maßnahmen, die dazu dienen, die Sichtbarkeit deiner Website und ihrer Inhalte zu erhöhen.

Je nach deinem Thema kannst du dich dabei auf *Google* oder auf sogenannte vertikale Suchmaschinen wie *Booking.com* konzentrieren. »Vertikale« Suchmaschinen konzentrieren sich auf bestimmte Themen wie Reisen, Sport, Gesundheit oder Finanzen, oder auf spezielle Zielgruppen wie Jobsuchende, Kinder, Kunstliebhaber oder Wissenschaftler.

Theoretisch kannst du diese Optimierung auch für andere Suchmaschinen wie *Bing, Yahoo!* oder durchführen, bloß zahlt sich das angesichts eines Marktanteils von *Google* in Ländern wie Deutschland und Österreich von rund neunzig Prozent nicht aus. Außerdem bietet *Goo-*

gle mit der *Google Search Console* ein sehr hilfreiches Gratis-Tool, das dich bei der Suchmaschinenoptimierung unterstützt.

Welche anderen Tools es noch gibt und wie »*Google*-Optimierung« im Detail funktioniert, erfährst du hier:

cashbook.digital/google-seo

SEO ist für deine gesamte Online-Marketing-Strategie wichtiger als du vielleicht denkst. Denn auch sie hilft dir durchaus, deine Community aufzubauen. Sobald jemand auf deine Website klickt, stattest du ihn mit *Cookies* aus (erinnere dich an die Pixel) und du kannst ihn danach über *Facebook* und andere soziale Medien ansprechen.

LET'S GET STARTED

Wenn du am Puls der Zeit bist und dich den Prozessen des Performance-Marketings widmest, wird das auf den ersten Blick zwar etwas kompliziert wirken, am Ende wirst du aber mit Sicherheit belohnt. Denn eines steht fest: Hier wird Geld verdient.

Mit Performance-Marketing kannst du mittlerweile wahre Wunder bewirken. Wenn du dich in die Materie vertiefst, merkst du schnell, was hier alles geht. Du merkst aber auch, dass du dabei Geld verlieren kannst, wenn du planlos vorgehst. Besonders am Anfang musst du Zeit investieren, und wenn die Dinge zu laufen anfangen, musst du dranbleiben. Wichtig ist vor allem:

Wer mit den sozialen Medien
Geld verdienen will, muss sich auch
in den sozialen Medien aufhalten.

Zum Einstieg ins Performance-Marketing eignet sich am besten *Facebook*. Einfach deshalb, weil *Facebook* die Möglichkeiten dazu bereits besonders userfreundlich gestaltet hat. Doch auch hier stellst du bald fest: Hinter jeder Tür, durch die du trittst, öffnet sich eine neue. Es gibt jede Menge Möglichkeiten. Sie sind erlernbar, sie machen Spaß und sie bringen Geld, aber sie erfordern deine Aufmerksamkeit und Ausdauer.

Betrachte Performance-Marketing wie ein
Computerspiel, das einen großen Vorteil hat:
Wenn du dich darin übst und halbwegs gut bist,
sammelst du nicht nur virtuelle, sondern reale Punkte.
Du verdienst Geld und baust dir eine Zukunft auf.

DIENSTLEISTER NEHMEN DIR DIE ARBEIT AB

Du kannst auch Dienstleister mit deinem Performance-Marketing beauftragen. Dann kommt zu deinen Werbeausgaben das Honorar, das du ihnen bezahlen musst. Das fängt bei monatlich 1.500 Euro für einen kleinen Webshop mit wenigen Produkten an. Die Grenzen nach oben sind offen. Bei *BERGSTEIGER* zum Beispiel, wo wir Performance-Marketing in allen denkbaren Ausprägungen und auf verschiedenen Plattformen betreiben, liegen die Kosten dafür bereits bei 5.000 Euro im Monat. Geld, das für die Firma aber vielfach zurückkommt.

Wenn dein Produkt und das Know-how deines Dienstleisters stimmen, stimmt auch deine Rechnung noch immer. Denn wie gesagt macht dein Werbebudget idealerweise nicht mehr als rund dreißig Prozent deines Umsatzes aus, es sei denn, du hast ein gänzlich digitales Produkt ohne Wareneinsatz, dann kann das Werbebudget auch fünfzig Prozent oder mehr betragen.

Andersherum bedeutet das, dass du für etwa 1.500 Euro rund 5.000 Euro Umsatz bekommst. Nehmen wir einmal an, dass diese 5.000 Euro dein Monatsumsatz sind. Dann sieht die Rechnung so aus:

5.000 Euro Umsatz
- 1.500 Euro Werbebudget
- 1.500 Euro für deinen Dienstleister
= 2.000 Euro.

Nun kommt es darauf an, wie hoch deine Nebenkosten sind. Wenn sie rund tausend Euro ausmachen, hast du noch immer tausend Euro verdient. Kein schlechtes Ergebnis dafür, dass die Arbeit jetzt andere machen. Die externen Kosten für Performance-Marketing hängen auch von der Branche ab. Wenn du Immobilienmakler bist, musst du mehr als wir bei BËRGSTEIGER dafür veranschlagen. Denn niemand entscheidet sich binnen einiger Stunden für einen Immobilienkauf. Wie im richtigen Leben erfordert so ein Geschäft auch auf den sozialen Medien eine längere Anbahnung und dementsprechend vielstufigere Funnel-Logiken. Dafür ist auch der Schlüssel ein anderer. Die Kosten für den Dienstleister machen inklusive Werbeausgaben hier nur wenige Prozent des Umsatzes aus, und nicht wie in der obigen Beispielrechnung mehr als fünfzig Prozent.

WACHSTUM SPART GELD

Besonders, wenn du mit Dienstleistern arbeitest, muss dein Ziel sein, möglichst schnell in höhere Umsatzbereiche vorzudringen. Denn relativ gesehen wird dein Dienstleister damit immer billiger.

Am Anfang ist es deshalb durchaus üblich, gar nichts zu verdienen oder sogar eine Weile draufzuzahlen. Besonders, wenn du zuvor noch kein Performance-Marketing betrieben hast und dir jegliche Daten fehlen, können die ersten Monate der Zusammenarbeit mit einem Dienstleister durchaus defizitär sein. Die Aufbauarbeit muss dann der Dienstleister machen, doch nach vier bis sechs Monaten solltest du schon einen positiven Trend erkennen. Dein Monatsumsatz sollte ab dann allmählich steigen, bis du im grünen Bereich bist und das Verhältnis zwischen Umsatz und Kosten für den Dienstleister ein angemessenes ist. Mit den Umsätzen steigen zwar auch die Dienstleistungskosten, aber sie steigen in einem viel geringerem Ausmaß.

Wenn die Arbeit des Dienstleisters keine Früchte zu tragen scheint, solltest du zu diesem Zeitpunkt einen Dienstleisterwechsel in Betracht ziehen. Du kannst auch von einem Experten ein Audit erstellen lassen, also eine unabhängige Überprüfung des Social-Media-Auftritts und der Werbeanzeigen. Es ist leider erschreckend, dass viele Dienstleister von Performance-Marketing gleich viel Ahnung haben wie ich von Quantenphysik. Wenn du ein Grundverständnis dafür hast, ist das also bares Geld wert und erspart dir unangenehme Erfahrungen.

Im Idealfall und wenn du einen fähigen Dienstleister ausgewählt hast, fallen ab einem bestimmten Zeitpunkt die Kosten für deinen Dienstleister aber gar nicht mehr ins Gewicht. Auch andere Nebenkosten wie Gebühren für Bezahlservices wie *PayPal* oder Webshops von Anbietern wie *Shopify* werden mit wachsendem Umsatz relativ gesehen günstiger.

Ich kann mich noch gut daran erinnern, wie wir mit unserer Crowdfunding-Plattform *GREEN ROCKET* anfingen und schon damals monatlich zwischen 3.000 und 5.000 Euro für *Google Ads* ausgaben. Unternehmer, deren Firmen schon seit gefühlt tausend Jahren existierten, erklärten uns damals stolz, dass sie niemals mehr als einige hundert Euro im Monat für Werbung ausgeben würden.

Schon damals wunderte ich mich über diese Einstellung, auf die ich heute nach wie vor stoße. Wir wussten schon als Zwanzigjährige, wie wertvoll diese Möglichkeiten sind. Auch Unternehmer der alten Schule, die dem Performance-Marketing mehr Aufmerksamkeit und dementsprechend höhere Budgets widmen könnten, würden sich wundern, was sich damit alles machen lässt.

Fazit. Wenn du mit Performance-Marketing Geld verdienen willst, solltest du Anfangskosten einkalkulieren. Besonders dann, wenn du mit kompetenten Dienstleistern arbeiten möchtest. Das verschafft dir einen längeren Atem und du erreichst die Gewinnzone umso eher. Klar, der Aufwand und die Ausgaben können abschreckend wirken, selbst für erfahrene Unternehmer. Doch das Prinzip im Performance-Marketing lautet: Von nichts kommt nichts, dafür kommt von etwas erstaunlich viel.

DIE GESCHÄFTSMODELLE

Je nach Produkt und deinen persönlichen Vorlieben
und Talenten kannst du dich auf den sozialen Medien
zwischen mehreren Geschäftsmodellen entscheiden.

Du hast nun eine ungefähre Einschätzung, welches soziale Medium sich wofür eignet und welche Rolle organische und bezahlte Reichweite beim Geldverdienen mit *Facebook*, *Instagram*, *YouTube* und Co. spielen. Nun hast du die Auswahl zwischen vier Geschäftsmodellen, auf die ich in diesem Kapitel kurz eingehen werde.

Geschäftsmodell eins. **Werbeeinnahmen.**
Regelmäßig höre ich von diesem Plan zum Geldverdienen mit sozialen Medien: Ich baue mit meinem Hobby Reichweite auf, dann verdiene ich mit Werbekunden, die ich an dieser Reichweite teilhaben lasse. Das klingt nach einem einfachen und realistischen Plan. Immerhin lockt Reichweite, wie wir es auch bei *BERGSTEIGER* gesehen haben, wie von selbst Werbekunden an.

Die Reichweite muss dafür nicht riesig sein. Viele Unternehmen haben festgestellt, dass sie über kleine Accounts interessante Zielgruppen erreichen. Selbst große Unternehmen wie die Handelskette *Spar* kooperieren gerne mit kleineren Accounts und Kanälen. Die Niederösterreicherin, die auf *YouTube* ihr Rezept für Mohnzelten preisgegeben hat, könnte mit ihren 20.000

Abonnenten jedenfalls schon recht gute Werbeeinnahmen erzielen.

Werbekunden können von selbst auf dich zukommen. Vor allem die großen Firmen und darauf spezialisierte Agenturen haben eigene Mitarbeiter, die immer auf der Suche nach funktionierenden, gut bespielten Accounts und Kanälen sind. Ihnen fällst du schon ab einer Community von tausend Usern auf, auch wenn sie für Produktplatzierungen in deinen Videos, Fotos oder Texten dann entsprechend wenig bezahlen.

Besonders die Perspektive, dass du deinen Werbekunden nicht nachlaufen musst, sondern sie dir nachlaufen, klingt doch gut. Schließlich kannst du dich so auf das konzentrieren, was dir am meisten Spaß macht: Spannenden Content zu deinem Lieblingsthema zu produzieren.

Ganz so einfach ist es allerdings nicht, allein auf Werbeeinnahmen zu setzen. Aus zwei Gründen:

Erstens muss, damit du für Werbepartner interessant bist, deine Reichweite messbar sein. Du musst möglichst genau wissen, aus welchen Menschen deine Community besteht, wie alt sie sind, wo sie leben, was sie tun, worauf sie reagieren und worauf nicht, an welchen Wochentagen und zu welchen Uhrzeiten sie besonders aktiv sind und welche Art deiner Inhalte sie am liebsten liken oder teilen.

Ich kenne Accounts mit mehr als 100.000 Followern, die mit Werbung nichts verdienen, weil ihre Zielgruppen zu intransparent oder zu inhomogen, also nicht wirklich eingrenzbar sind. Manche Accounts sind auch schlicht mit Fake-Abonnenten gespickt. Die sind sowieso wertlos. Wenn du anfängst, Reichweite aufzubauen, weißt du nicht, welche Follower du anziehen wirst. Solche Unsicherheitsfaktoren sind immer schlecht fürs Geschäft. Und um genug Follower anzuziehen und die notwendigen Informationen über sie zu bekommen, musst du dich erst recht nicht nur mit den Regeln für den Aufbau und die Erhaltung organischer Reichweite befassen, sondern am besten auch mit Ads, KPIs und Performance-Marketing. Auf *Facebook* hast du sowieso kaum noch Chancen, ohne Werbebudget groß zu werden. Dann kannst du auch gleich selbst auf andere Geschäftsmodelle setzen, die unterm Strich zumeist mehr bringen.

Außerdem musst du die Kosten, auch die zeitlichen, berücksichtigen, die auch dann anfallen, wenn du auf *Facebook* oder *Instagram* bloß Reichweite aufbaust. Du bist dann davon abhängig, dass dich Werbekunden entdecken. Du hast es nicht selbst in der Hand, sie zurückzuverdienen.

AUSNAHME YOUTUBE

Bei *YouTube* sieht die Situation etwas anders aus. Hier kannst du wie gesagt auch organisch noch genug Reichweite aufbauen, um Geld mit Produktplatzierungen zu verdienen. Am ehesten funktioniert das, wenn du dich als

Experte für irgendetwas positionierst. Gartenarbeit, Kindererziehung, Kochen, Einrichtung, Mode, Schminken oder Autos sind Klassiker.

Einer unserer Kunden ist ein Ersatzteile-Hersteller für Autos. Wir haben bemerkt, dass seine Kunden ein ganz bestimmtes Defizit haben. Sie wissen nie wirklich, wie sie den neu erworbenen Spoiler, die neu erworbenen Felgen oder den neu erworbenen Auspuff an ihrem Fahrzeug anbringen können.

Wir haben dieser Firma vorgeschlagen, einen charismatischen jüngeren Mann oder eine jüngere Frau, der oder die sich mit Tuning und Montage auskennt, vor der Kamera Teile einbauen zu lassen. Das kann so gut funktionieren, dass sich mit dem Account irgendwann auch Werbeeinnahmen generieren lassen oder der Kanal so groß wird, das *YouTube* eine Beteiligung an den Werbeeinnahmen zulässt. Ich kenne einige gelungene Beispiele im deutschsprachigen Raum.

Selbst bei stark bearbeiteten Themen wie Gartenarbeit kann das noch funktionieren. Wenn du dich am liebsten mit deinen Gemüse- und Blumenbeeten, Obstbäumen, Hecken und deinem Rasen beschäftigst, hast du immer genug Interessantes zu erzählen. Denn alles, selbst wenn es eine scheinbare Kleinigkeit wie der richtige Anbau von Karotten ist, erfordert umso mehr Wissen, je besser es jemand machen will.

Ich habe noch nie Karotten angebaut, aber ich wette, darüber ließen sich ganze Bücher schreiben. Dementsprechend viele nützliche Posts kannst du alleine darüber produzieren. Was ist der beste Platz für Karotten? Welche ist die dankbarste und welche die schmackhafteste Sorte? Welche Erde, wie viel Licht und wie viel Wasser brauchen sie?

Außerdem ist die Wahrscheinlichkeit hoch, dass Follower, die deine Karottenvideos gesehen haben, gerne auch deine Salat-, Gurken- oder Erdbeervideos sehen möchten. Du kannst immer mit einem »Call to Action« arbeiten. Das bedeutet, dass du am Ende deines *YouTube*-Videos über Karotten verkündest: Wenn du wissen willst, was aus meinen Karotten geworden ist oder wie du andere Gemüsesorten anpflanzt, dann abonniere jetzt meinen Kanal und wir sehen uns in Kürze wieder.

So kannst du dich auf *YouTube* auch ohne Performance-Marketing und den damit verbundenen Ausgaben für Werbekunden interessant machen. Beim Thema Garten fallen mir zum Beispiel die Hersteller von abgepackten Pflanzensamen ein. Hierfür kannst du dann Produktplatzierungen machen, wie ich es am Beispiel der Besprenkelungsanlagen bereits beschrieben habe.

Fazit. Auf *Facebook* und *Instagram* ist es schwieriger geworden, über Werbekunden Geld zu verdienen, doch auf *YouTube* gibt es dafür noch bessere Chancen. Trotzdem solltest du so viel wie möglich über Social-Media-Ads und Performance-Marketing wissen, um genug Reichweite aufzubauen, sie aufrechtzuerhalten und deinen potenziellen Kunden genug Informationen über deine Community bieten zu können.

Geschäftsmodell zwei: **Influencer**

Einfach nur abzuwarten, bis Werbekunden von selbst an deine Tür klopfen, bleibt aber auch auf *YouTube* ein riskanter Plan. Wenn du von deiner Reichweite und deinem Wissen über deine Community her weit genug bist, solltest du also selbst aktiv werden. Bloß wie?

Nun gelangen wir zum zweiten Geschäftsmodell für das Geldverdienen mit sozialen Medien, das in den vergangenen Jahren eine schillernde Berufsgruppe geschaffen hat und einen Traumberuf für Millionen Teenager: das Geschäftsmodell der Influencer. Der Einfluss der Influencer wächst in allen Bereichen, sowohl in der Wirtschaft, als auch in der Politik.

Vielleicht verbindest du die Tätigkeit von Influencern vor allem mit Mode- und Lifestyle-Blogs, doch da gibt es mehr. Mit einem einigermaßen erfolgreichen Garten- oder Auto-Kanal auf *YouTube* kannst du auch ein Influencer, oder zumindest ein Micro-Influencer sein. Ich weiß zum Beispiel, dass BMW bei neuen Modellen mit Micro-Influencern ab einer Reichweite von 10.000 Followern arbeitet. Auch hier gilt: Selbst mit tausend Followern ist in Einzelfällen bereits Geld zu verdienen.

Wenn du Influencer werden willst, bietet sich neben *YouTube* auch noch *Instagram* an. Niemand sucht Influencer auf *Facebook*, was ebenfalls mit der dort mittlerweile beschränkten Reichweite zu tun hat. *Instagram* hingegen gilt trotz des Aufwandes, den die Schnelllebigkeit beim Folgen und wieder Entfolgen mit sich bringt, fast schon als neue Hochburg der Influencer. Sie gehen dort gerne Kooperationen ein, um sich zu vernetzen und wechselseitig von ihren Communitys zu profitieren. Doch am effektivsten, kalkulierbarsten und stressfreiesten ist noch immer *YouTube*.

Die Plattform selbst kommt dir mit ihren Algorithmen dabei entgegen, Influencer zu werden. Klar, denn sobald du viele Abonnenten hast, die sich regelmäßig deine Videos ansehen, bekommt *YouTube* viele Klicks und wird größer, mächtiger und reicher. Das Ziel von *YouTube* besteht letztendlich darin, viele wertvolle Mini-Fernsehsender zu hosten und die Plattform beteiligt dich sogar an den Werbeeinnahmen, wenn du ordentlich wächst.

TITEL UND STARTBILD ENTSCHEIDEN MIT

Wenn du auf *YouTube* als Influencer durchstarten willst, gilt auch für dich: Neben deinem Thema und dem Content deiner Videos ist deren Titel entscheidend. Du musst dich immer in dein Publikum hineinversetzen und dich

fragen, wer dein Video suchen könnte und welche Such-
begriffe er oder sie dabei eingeben würde. Um noch einmal zum Garten-Kanal zurückzukom-
men: Aus reinem Interesse habe ich bei *YouTube* das
Wort »Karotten« eingegeben. »Karotten anbauen« war
bereits der vierte Vorschlag. Das erfolgreichste Video
zu diesem Thema hatte 260.000 Aufrufe. Ich bin sicher,
da ginge noch mehr. Denn es war leicht zu erkennen,
dass sich einiges viel besser machen ließe. So etwa
sahen die Startbilder vieler Videos billig oder einfach
schlecht gemacht aus. Ein professionelles, optisch an-
sprechendes Startbild mit einem eingängigen Titel
kann viel hermachen und eine Menge zusätzlicher
Views bringen.

AGENTUREN HELFEN DIR

Als professioneller Influencer sitzt du nicht da und war-
test quasi auf Laufkundschaft aus der Werbebranche. Du
wirst selbst aktiv. Auch hier kannst du dich an Agenturen
oder Social-Media-Firmen wie uns als Vermittler wenden. Bei Micro-Influencern werden sie eher passen, weil
da die zu erwartenden Umsätze so gering sind, dass sich
der Aufwand für ihre Provision in Form eines Prozentsat-
zes der Umsätze nicht lohnt. Aber so ab 20.000 bis 50.000
Abonnenten bist du dabei.

INFLUENCER MIT EIGENEN PRODUKTEN

Werbung ist für Influencer nicht das einzige Geschäftsfeld. Du kannst als Influencer, ähnlich wie wir es bei *BERGSTEIGER* gemacht haben, deine eigenen Produkte entwickeln und verkaufen.

Es gibt schon eine Reihe von Marken, die aus *YouTube*-Kanälen hervorgegangen und die nur online erhältlich sind. Besonders Influencer aus den Bereichen Schönheit und Mode haben mit solchen Produkten schon viel Geld verdient.

Ich kenne einen Londoner Influencer mit rund 300.000 Abonnenten, der sich mit Modetrends für Männer beschäftigt. Als er überlegte, wie er seine Reichweite zu Geld machen könnte, dachte er an Beauty-Produkte für Männer. Sie sind immer in Schwarz gehalten, mit maskulinem Design, und verkaufen sich bestens.

Ob du als Influencer darauf setzt, gute Deals mit Werbepartnern abzuschließen oder deine eigenen Produkte zu entwickeln, bleibt dir selbst überlassen. Es ist Geschmackssache. Mit Werbepartnern zu arbeiten, zum Beispiel über eine Agentur, ist wahrscheinlich der einfachere Weg. Selbst Produkte zu entwickeln ist fordernder, dafür ist aber auch das kreative Potenzial höher.

INFLUENCER ALS WERBEPARTNER

Influencer können andersherum auch für dich nützlich sein. Über sie kannst auch du Zielgruppen erreichen, die bei klassischen Medien oder deinem eigenen *Facebook*-Account außen vor bleiben. Du kannst durch Kooperationen mit ihnen deine Produkte Usern präsentieren, die noch nichts von ihnen wussten. Wende dich einfach an die Agenturen, mit denen Influencer arbeiten. Sie wählen mit dir die richtigen aus, prüfen die Echtheit der Reichweite und fädeln die Deals für dich ein.

Geschäftsmodell drei: **E-Commerce und Webshop.**
E-Commerce kommt aus dem Englischen und ist die verkürzte Version des Begriffs »Electronic Commerce«, was so viel wie elektronischer Handel bedeutet. E-Commerce fasst also den Handel im Internet zusammen. Nicht nur die Kauf- und Verkaufsprozesse sind hier inbegriffen, sondern auch Leistungen wie Zahlungsdienstleistungen und Kundenservice. Der Begriff ist dir natürlich geläufig, du betreibst vielleicht sogar schon deinen eigenen Webshop und hast in diesem Buch bereits einiges darüber gelesen. Ich möchte dir dazu trotzdem noch einige Dinge ans Herz legen.

SICHTBARKEIT GEHT VOR SCHÖNHEIT

Eines der wichtigsten Dinge, die ein Webshop können muss, ist: Er muss von Usern sofort als solcher erkennbar sein. Wenn du es schaffst, interessierte potenzielle Kunden auf deine Website zu lotsen, diese aber gar nicht bemerken, dass es dort auch einen Webshop gibt, dann ist das richtig bitter.

Hier ist es besonders wichtig, mit der Zeit zu gehen und den jeweils aktuellen Maßstäben in Sachen Ästhetik, vor allem aber in Sachen Effizienz, zu entsprechen und damit aus der Fülle der anderen Webshops hervorzustechen.

Sieh dir auch hier an, wie es die anderen machen. *Amazon* ist immer eine gute Vergleichsgrundlage. Aber Achtung: *Amazon* hat keinen »schönen« Shop, alles andere als das. Dafür ist er besonders effizient. Die User wissen von selbst und ohne viel nachzudenken, wohin sie klicken müssen. Sie wissen genau: Hier kann ich meine Adresse ändern. Das ist der »Weiter«-Button. So komme ich zum Warenkorb.

Besonders Buttons müssen nicht schön sein. Entscheidend kann hier die Farbe sein. *Google* hat sich nicht per Zufall oder aus ästhetischen Gründen dafür entschieden, die wichtigen Buttons ausschließlich in Blau zu halten. Auch die Kontrastierung von Buttons zu anderen Elementen wie dem Hintergrund der Website ist ausschlaggebend. Das beschrieb die Psychologie wissenschaftlich als *isolation effect*.

Die Trends im Bereich Gestaltung und Design ändern sich allerdings ständig. Sie ändern sich nicht so schnell, dass du nicht mehr hinterherkommst, aber sie ändern sich. Generell ist etwas, das für die sozialen Medien oder das Internet gestaltet ist, nach einem halben Jahr bis einem Jahr veraltet und muss überarbeitet oder weiterentwickelt werden. Daran kommst du nicht vorbei. Sonst siehst du irgendwann aus wie ein verstaubter Tante-Emma-Laden in einer Einkaufsmeile voller Top-Brands, und höchstens noch ein paar unverbesserliche Nostalgiker schauen aus Mitleid bei dir vorbei. Vielleicht nicht einmal die. Denn auch sie werden sich fragen, was von der Qualität deiner Produkte zu halten ist, wenn du nicht einmal einen ordentlichen Webshop hinkriegst.

Wie effizient dein E-Commerce-Business ist, kannst du messen. Wie bereits beim Performance-Marketing erwähnt, gibt es hierfür Tools. Mit ihnen kannst du feststellen, wohin die User auf deiner Website scrollen, wohin sie mit der Maus fahren und ob sie überhaupt in die Nähe des Buttons kommen, zu dem du sie eigentlich lotsen willst: Zu dem, der zu deinem Webshop führt. Wenn solche Analysen Schwächen zeigen, musst du konsequent genug sein, den Button an eine andere Stelle zu setzen – dorthin, wo die meisten User vorbeikommen. Denk dabei immer daran:

Eine Website ist niemals fertig. Fertig könnte sie nur
dann sein, wenn die User aufhören würden, sich zu verändern.
Doch es gibt so etwas wie eine digitale Evolution.
Die User verändern sich unaufhörlich.

ARBEITE AM CHECK-OUT-PROZESS

Auch den Check-out-Prozess deines Webshops solltest du
laufend hinterfragen. Unter Check-out verstehen wir im
E-Commerce den Weg ab dem Warenkorb über die Pha-
se, in der Kunden ihre Daten eingeben, ihr bevorzugtes
Zahlungsmittel wählen und schließlich kostenpflichtig
bestellen. Der Check-out-Prozess gilt als kritischer Punkt
im Online-Handel, weil viele Kunden den Kaufvorgang
an dieser Stelle abbrechen. Je nach Quelle wird die Zahl
nicht zu Ende gebrachter Kaufvorgänge zwischen vierzig
und siebzig Prozent geschätzt. Du musst dich also ständig
fragen: Ist die Handhabung einfach genug? Frage ich die
richtigen Daten ab? Frage ich vielleicht zu viele Daten ab?

Viele Webshops nerven die User mit tausenden Daten-
feldern, von denen höchstens ein Drittel wirklich nötig
wäre. Oder das Eingeben ist einfach mühsam, weil die
Felder und Buttons so klein sind. Wahrscheinlich hast
du das selbst schon erlebt. Du willst etwas auf einer Seite
bestellen, aber dann ist der Check-out-Prozess dermaßen aufwendig, dass du es lieber bleiben lässt. Vor allem,
wenn es um Produkte mit Preisen von weniger als hun-

dert Euro geht, solltest du nicht nach Geburtsort oder Steuernummer fragen. Außerdem wird oft darauf vergessen, dass die Mehrheit gerne über das Smartphone einkauft. Dass der Check-out-Prozess vor allem am Smartphone gut funktioniert, hat besondere Wichtigkeit.

Fehler in der Gestaltung des Check-out-Prozesses richten erheblichen Schaden an. Denn damit verpulverst du letztendlich Werbegeld sinnlos. Wenn du Kunden mit einem guten Funnel dazu bringst, eines deiner Produkte in den Warenkorb zu legen, hast du schon viel geleistet und einiges dafür bezahlt. Wenn du sie dann mit einem Check-out-Prozess buchstäblich im letzten Moment wieder vertreibst, ist das wirklich ein Jammer.

DEIN WEBSHOP MUSS ZU DIR PASSEN

Bedenken solltest du auch: Eine Social-Media-Werbekampagne, die funktioniert hat, hat bestimmte Erwartungshaltungen geweckt. Diese Erwartungshaltungen musst du auch mit deiner Website und deinem Webshop erfüllen. Wenn dein Ad cool und modern war, deine Website aber altbacken und unpraktisch ist, werden Kunden misstrauisch. Du musst dir also immer überlegen: Wie muss mein Haus, also meine Website, aussehen, damit es den Kunden, die ich über die Schwelle geführt habe, dort gefällt? Es geht hier um Authentizität und Professionalität.

Während meines Informationsdesign-Studiums haben wir uns beispielsweise damit befasst, wie User den Bildschirm und das Screen-Design kognitiv erfassen, wo sie hinschauen und wie sie sich am häufigsten bewegen. Meine wichtigste Lehre daraus ist auch gleichzeitig der Titel eines Buches des *User-Experience*-Experten Steve Krug:

»Don't make me think.«

Das ist der wichtigste Grundgedanke, den du bei der Gestaltung deiner Website und deines Webshops berücksichtigen musst. Sobald User nachdenken müssen, wird es eng. Sie wollen nicht nachdenken und wenn, dann nur ganz kurz. Es muss sein wie bei einem blauen Button. Sie sehen ihn und der entscheidende Gedanke drängt sich ihnen ganz von selbst auf: »Ah, hier muss ich klicken!«

MEHR VERKAUFEN

Bei der Gestaltung deiner Website mit Webshop musst du dir auch immer überlegen, was dein vorrangiges Ziel ist. Besteht es darin, etwas zu verkaufen? Oder darin, dein Image zu fördern? Oder darin, Leads zu generieren? In diesem Buch geht es ums Geldverdienen, deshalb hier noch ein paar Tipps, wie du das Ziel, etwas zu verkaufen, besser erreichen kannst.

Tipp eins. Mieten statt bauen. Wenn du etwas verkaufen willst, brauchst du einen Webshop, so viel ist klar. Wenn du am Anfang nur wenige Produkte hast, kannst du dich eines Webshop-Baukastens bedienen. Da findest du mehrere Anbieter. Der Marktführer ist *Shopify*, ein Unternehmen, das bereits mehr als hundert Milliarden Euro an der Börse wert ist. Mit *Shopify* und ähnlichen Firmen kannst du dir mit geringem Aufwand einen Webshop erstellen und ihn dann nach und nach individualisieren. Mit wenigen Klicks kannst du Dinge implementieren, die normalerweise viel Programmierarbeit erfordern.

Du bezahlst dafür mit einem Anteil deines Umsatzes. Je höher dein Umsatz ist, desto niedriger wird der Prozentsatz, den du für den Shop abgeben musst. Die Webshop-Systeme dieser Anbieter sind so userfreundlich und bequem, dass selbst Firmen mit Millionenumsätzen lieber darauf zurückgreifen, als ein Dutzend Mitarbeiter für die Wartung ihrer Shops zu beschäftigen, die dann auch noch fehleranfälliger sind. Je größer dein Shop wird, desto mehr persönlichen Support bekommst du von den Shop-Anbietern. Eine Alternative zu *Shopify* ist *Shopware*, ein Unternehmen aus Schöppingen, Deutschland.

Tipp zwei. Schicken lassen statt selbst verschicken. Über *Shopify* und Co. findest du auch sogenannte Fullfillment-Partner. Das sind Firmen, die dir die gesamte Logistik abnehmen. Sobald Bestellungen in deinem Shop eingehen, holen sie die betreffenden Produkte aus ihrem Lager, ver-

packen sie, schicken sie samt Rechnung an die betreffenden Kunden und einmal im Monat rechnen sie mit dir
ab. Es gibt inzwischen auch Anbieter, die das komplette
Fulfillment, also Webshop und Logistik, aus einer Hand
anbieten. Du musst dich um nichts mehr kümmern und
bekommst einmal im Monat eine Abrechnung.

Die Anbieter in diesem Bereich sind mit der Zeit immer besser und professioneller geworden, weshalb es
sich lohnt, zumindest einen Blick darauf zu werfen.
Du hinterlässt auch bei deinen Kunden einen besseren
Eindruck, wenn das bestellte Produkt prompt und professionell verpackt ankommt, statt in einem zu großen,
handbeschrifteten Polsterkuvert, dem vielleicht noch etwas Küchengeruch anhaftet. *Sendcloud* und *LOGSTA* sind
zum Beispiel solche Anbieter.

Geschäftsmodell vier. **Affiliate-Marketing.**
Ein einfacher Weg, fast von Anfang an Geld mit den sozialen Medien zu verdienen, besteht in Affiliate-Partnerschaften. Kurz gesagt verweist du dabei in deinen Posts
auf die Produkte anderer Verkäufer und verlinkst deine
Fotos oder Videos mit deren Websites. Geben deine Fol
lower bei einem deiner Affiliate-Partner Geld aus, bist du
daran automatisch prozentuell beteiligt. Dank Tracking
mittels eindeutigem, individuellem Link wissen deine
Partner genau, welche Kunden von dir kommen.

Die meisten größeren Shops bieten Affiliate-Partnerschaften an. Bei *Amazon* zum Beispiel kannst du dich ohne

jegliche Vorbedingungen kostenlos als Affiliate-Partner registrieren. Sobald dein Werbeerlös fünfzig Euro übersteigt, bekommst du ihn ausgezahlt. Der Ordnung halber sei angemerkt, dass es sich hier in Österreich und Deutschland schon um eine gewerbliche Tätigkeit handelt. Im Prinzip solltest du also einen Gewerbeschein dafür haben. Wenn du zum Beispiel auf *YouTube* einen Interieur-Kanal betreibst, kannst du dich mit *home24*, allen möglichen Accessoir-Shops und *Amazon* verlinken beziehungsweise einfach deine Affiliate-Links in der Video-Beschreibung platzieren, und dort erhältliche Produkte empfehlen.

SCHLECHTER RUF

Der Ruf des Affiliate-Marketings ist allerdings nicht der beste. Denn damit wird auch viel Unsinn getrieben. Zum Beispiel kommt es immer wieder vor, dass ein Influencer ein Produkt entwickelt, das sein Geld nicht wert ist, sich mit einem anderen Influencer vernetzt, der es anpreist und beide machen gute Geschäfte. Der eine, weil er das Produkt verkauft, der andere, weil er dabei mitschneidet. Besonders gerne werden Kurse mit Themen wie »Schnell und einfach 5.000 Euro im Monat verdienen«, die in Wirklichkeit Schrott sind, auf diesen Wegen verkauft. Klar schaden schlechte Produkte immer auch jenen, die sie anpreisen und verkaufen, aber zunächst einmal schaden sie den Kunden, die darauf hereinfallen.

ACHTE AUF DEINEN GUTEN RUF

Überlege dir bei Affiliate-Partnerschaften also immer ganz genau, was du empfiehlst und mit wem du Partnerschaften eingehst. Empfehle nur seriöse Dinge, die du wirklich kennst und hinter denen du auch stehst. Wenn du das berücksichtigst, ist Affiliate-Marketing ein durchaus interessanter Weg, um mit Partnern deiner Wahl Geld zu verdienen und dich ansonsten auf das Produzieren von gutem Content zu konzentrieren.

Denn Affiliate-Marketing funktioniert auch ganz unaufdringlich. Du kannst zum Beispiel am Ende eines Videos auf Produkte anderer hinweisen. Du kannst als Interieur-Influencer zum Beispiel sagen: »Wenn ihr das bei euch zu Hause umsetzen wollt, findet ihr unter diesem Video die Links zu den Produkten, die ich verwendet habe, und könnt sie dort bestellen«. Manche Affiliate-Partner erstellen dir auch einen Gutschein-Code, den du in deiner Community verbreiten kannst. Auch so sind deine Umsätze wieder zuordenbar und die User freuen sich über einen Vorteil, den sie ohne dich nicht gehabt hätten.

NIEDRIGE SCHWELLE

Geldverdienen mit Affiliate-Marketing funktioniert schon ab wenigen hundert Abonnenten. Ich habe auf meinem privaten *YouTube*-Kanal etwa 2.500 Abonnenten und auf meinem *Facebook*-Account rund 2.500. Zum Spaß habe ich einmal beide mit dem Affiliate-Programm von *Amazon* verlinkt und Bücher empfohlen, die ich tatsächlich gelesen hatte. Und tatsächlich: Ich habe etwas dabei verdient. Es waren zwar nur um die 150 Euro in einem Monat, aber angesichts der bescheidenen Zahl meiner Follower fand ich das bemerkenswert.

DIE ALLERERSTEN SCHRITTE

*Du hast jetzt schon einen guten Überblick, wie du mit
Facebook, Instagram, YouTube und Co. Geld verdienen kannst.
Vielleicht verwirren die vielen Informationen dich noch etwas.
Deshalb findest du hier eine Anleitung für die ersten Schritte,
genau genommen findest du sogar zwei Anleitungen.*

Die erste Anleitung betrifft dich, wenn du begeistert von
etwas bist und damit in den sozialen Medien Geld verdienen und dir eine neue Zukunft aufbauen willst. Die zweite
betrifft dich, wenn du bereits ein analoges Unternehmen
hast, mit den sozialen Medien deinen Umsatz und deine Gewinne steigern und dir damit ebenfalls eine sichere
wirtschaftliche Zukunft aufbauen willst.

Erste Schritte **für Social-Media-Gründer.**

Einer der wichtigsten Tipps, die ich dir geben kann, lautet:

Kenne deinen Standpunkt.

Nimm dir zwei Tage Zeit, fahre an einen Ort, der dich inspiriert und an dem du dich wohlfühlst und denke ohne
unnötige Ablenkungen und ohne dir selbst etwas vorzu-
machen darüber nach, was du wirklich willst. Welches
Thema begeistert dich wirklich? Wie viel weißt du wirklich darüber?

*Content für ein Thema zu produzieren, das dich nicht begeistert,
ist auf Dauer so spannend, wie in der Schule ein Referat in
einem Fach halten zu müssen, das dich nicht interessiert.
Dir wird immer etwas Besseres zu tun einfallen. Freunde
treffen. Essen gehen. Netflix schauen. Du wirst scheitern.*

Du gehst gerne angeln, aber das ist ja langweilig für alle
anderen? Ist es natürlich nicht. Es gibt Millionen Angler
auf der Welt und wie die Millionen Bergsteiger verbindet
auch sie ein gemeinsamer Spirit. Filme das nächste Mal
mit dem Smartphone mit, schneide daheim in Ruhe die
Videos, sieh dir an, was andere Angler-Accounts machen
und mache es auf deine Art. Mit anderen Worten: Fange mit etwas an, das du sowieso tust, alles andere würde
künstlich wirken und wäre auch zu aufwendig.

Außerdem musst du wissen, ob du dir damit ein nettes Standbein in den sozialen Medien aufbauen willst
und bereit bist, dich ab und zu nebenbei darum zu kümmern. Oder ob du wirklich ernsthaft Geld mit den sozialen Medien verdienen, dich dementsprechend darauf
konzentrieren und dabei letztendlich ein florierendes
Unternehmen aufbauen willst. Es ist wichtig für dich,
das zu wissen, denn du erreichst dein Ziel umso leichter,
je klarer du es definierst.

Ich habe dieses Buch vor allem für Menschen geschrieben, die sich für die zweite Option entscheiden. Denn sie
ist es, die mich am meisten fasziniert und die inmitten
der wirtschaftlichen und sozialen Unwägbarkeiten unse-

rer Zeit aus jeder Situation der beste Ausweg und immer die spannendste Alternative ist. Es gibt eine alte Welt, die allmählich untergeht und eine neue, die dynamisch wächst, und an der du, wenn du dich bewusst dazu entscheidest, erfolgreich teilhaben kannst.

Wenn du ein Unternehmen gründest, auch wenn du es in den sozialen Medien tust, wo das sehr schnell gehen kann, solltest du voll dahinterstehen. Deshalb ist die Wahl deines Themas so wichtig. Denn auf Dauer kannst du nur voll hinter etwas stehen, wenn es wirklich deiner Expertise entspricht, zu dir passt und dich begeistert. Begeisterung steckt an, auch wenn das nach 2020 komisch klingt.

Mache dein eigenes Ding.

Du wirst kaum mit etwas Erfolg haben, das du gerade ein bisschen cool findest, oder mit dem jemand anderer Erfolg hat, der dich beeindruckt. Du kannst nur mit der aus dir selbst heraus entstehenden Begeisterung und dem dazugehörigen Thema Erfolg haben, und zwar egal, ob es etwas ganz Neues ist, oder ob es schon viele Accounts zum gleichen Thema gibt. Wenn es wirklich dein Ding ist, kannst du dich sowohl mit etwas ganz Neuem durchsetzen als auch etwas bereits Existierendes auf deine besondere Weise thematisieren, ihm deine ganz persönliche Note verleihen und dich damit über deine Mitbewerber hinwegsetzen.

Wenn du für etwas brennst, freust du dich am Anfang über jeden einzelnen Follower, bist aufgeregt, wenn du die Schwellen hundert, 500 und tausend Follower überschreitest und siehst dich die ganze Zeit schon als jemanden mit demnächst zehntausenden Followern. Zu Recht, denn es gibt so gut wie für jedes Thema zehntausende Menschen, die sich dafür interessieren. Mit den Möglichkeiten der sozialen Medien kannst du sie auch erreichen und wenn du authentisch, fleißig und kreativ bist, werden dir diese Menschen auch folgen.

Du bist nicht authentisch, fleißig und kreativ? Dann gehe noch einmal zurück an den Anfang dieses Kapitels und denke darüber nach, welches Thema dich wirklich begeistert, womit du dich wirklich gerne beschäftigst und was du wirklich gerne tust. Wenn du diese Fragen ehrlich beantwortet hast, wirst du automatisch authentisch, fleißig und kreativ sein. Das verspreche ich dir.

SETZE AUF NACHHALTIGKEIT

Wenn du dann deine Strategie entwickelst, setze, wie schon bei der Produktentwicklung erwähnt, auf Nachhaltigkeit. Es gibt in der Gründer-Branche immer zwei Lager. Die einen wollen schnell reich werden. Die anderen wollen etwas aufbauen, indem sie nicht nur den kurzfristigen Erfolg im Auge haben. Die einen sind die Gierigen, die anderen sind die Profis. Am Ende sind es die Profis, die Geld verdienen, und im Vergleich zur analogen Wirtschaft schaffen sie das mit *Facebook, Instagram, YouTube* und Co. auch tatsächlich besonders schnell. Wenn du es wie die Profis machst, werden dich die Gierigen am Ende bewundern und hoffen, dass sie auch über Nacht so wohlhabend werden wie du.

Der Sänger, Schauspieler und Entertainer Harry Belafonte sagte einmal: »Es hat dreißig Jahre gedauert, bis ich über Nacht weltberühmt wurde.« Du kannst den Träumern dann sagen: »Es hat zwei Jahre (vielleicht auch eines, vielleicht auch drei) gedauert, bis ich über Nacht richtig gutes Geld mit den sozialen Medien verdient habe.«

SEI BEI DER WAHL DER PLATTFORM PRAGMATISCH

Wenn du bei der Wahl der Plattform angekommen bist, solltest du dabei auch pragmatische finanzielle Aspekte berücksichtigen. Mit *Facebook* gänzlich ohne Budget anzufangen ist wahrscheinlich weniger schlau. Da brauchst du von Anfang an Werbebudget, um etwas zu erreichen. Ich würde also aus dieser Sicht eher auf *YouTube* oder *Instagram* setzen und auf *Facebook* am Anfang eher verzichten. Du solltest *Facebook* aber trotzdem immer im Blick behalten und schon an später denken. Wenn du zum Beispiel planst, früher oder später einen Webshop, etwa mit speziellen Anglerprodukten, aufzusetzen, lohnt sich ein *Facebook*-Account immer.

Übrigens: Solltest du die Idee, mit Angler-Content in den sozialen Medien Geld zu verdienen, abwegig finden, kann ich dich überraschen. Es gibt bereits eine Angler-Marke, die aus einem *YouTube*-Kanal entstanden und aus der Branche inzwischen nicht mehr wegzudenken ist. *Zeck Fishing* aus Schiffweiler in Deutschland.

2009 startete Carsten Zeck damit, seine Angel-Erlebnisse auf *YouTube* zu teilen und verkündete schließlich Ende 2012, selbst Produkte entwickeln zu wollen, die vom Angler für Angler gemacht sind. Noch heute tritt er selbst auf *YouTube* auf und ist auch auf *Instagram* aktiv. Es kann also tatsächlich aus jeder kleinen Idee ein lukratives Geschäft und sogar ein beeindruckendes Unternehmen mit vielen Mitarbeitern entstehen.

Der reichweitenstärkste *YouTuber* Österreichs, bekannt als »Novritsch«, beschäftigt sich ausschließlich mit Airsoft, einem taktischen Geländesport, bei dem mit Softairwaffen ausgerüstet gegeneinander angetreten wird. Er trägt seine Kamera am Kopf und lässt so seine Community in seinen Spielen dabei sein. Das brachte ihm bisher (Stand Januar 2021) mehr als 4,35 Millionen Abonnenten. Mittlerweile verkauft er Airsoft-Waffen in unzähligen verschiedenen Ausführungen plus Ersatzteile und sogar Zubehör wie Laub, das als Tarnung dienen soll. Die Umsätze, die er damit erzielt, sind siebenstellig. Ich selbst bin zwar kein Airsoft-Spieler, aber Novritsch ist einer, der seine Begeisterung perfekt zu Geld gemacht hat.

FRAG NACH BEI DEINER COMMUNITY

Auch das ist von Anfang an wichtig: Frage deine Community, was sie gerne als nächstes wissen will. Wenn du ihr gerade den richtigen Anbau von Karotten erklärt hast, fragt sie dich vielleicht, wie das mit Brokkoli ist. Lässt sich der auch im Garten anpflanzen? Oder mit Blattsalat. Welche Sorte bleibt nach dem Ernten am längsten frisch? Darauf kannst du Antworten geben. Das dient der digitalen Gruppendynamik und dem Zusammengehörigkeitsgefühl innerhalb deiner Community.

KLEINE GROSSE ERFOLGE

Wenn du einmal tausend Follower hast, ist das schon etwas. Ich weiß, es klingt im Vergleich zu dem, was du von Influencern weißt, sehr bescheiden, doch es bedeutet, dass ernsthaftes Interesse an deinem Content besteht, ein Interesse, aus dem du auch mehr machen kannst.

Das bedeutet nicht, dass du jetzt bereits mit Produktplatzierungen oder Ähnlichem anfangen solltest. Zu früh ist nicht gut und generell sind auffällige Produktplatzierungen nicht zu empfehlen. Die Gefahr, dass du das zarte Pflänzchen gleich wieder erdrückst, ist zu groß.

Aber auf *YouTube* fängst du ab einer bestimmten Abonnentenanzahl schon zu verdienen an, ganz ohne dass du irgendeinen weiteren Beitrag dazu leistest. Denn *YouTube* spielt über Videos Werbung aus, an der du nach einem bestimmten, von deiner Reichweite abhängigen Schlüssel mitverdienst. Bloß hast du keinen Einfluss darauf, welche Werbung das ist. Aber lass dich davon nicht ärgern, die Nutzer können dein Video von der Werbung inzwischen gut unterscheiden.

Fazit. Das Allerwichtigste ist am Anfang, dass du genau weißt, was du in den sozialen Medien erreichen und auf welches Thema du dabei setzen willst. Setze zunächst zum Beispiel auf *YouTube* oder *Instagram* und peile als erstes Ziel an, die Grenze von tausend Abonnenten zu überschreiten. Von da an bist du endgültig im Spiel – es heißt dranbleiben und qualitativen Content liefern.

ERSTE SCHRITTE FÜR UNTERNEHMEN

Bei analog bereits bestehenden Unternehmen sehen die ersten Schritte beim Geldverdienen mit *Facebook*, *Instagram*, *YouTube* und Co. naturgemäß etwas anders aus. Doch auch wenn du so ein Unternehmen besitzt oder leitest, musst du zunächst in dich gehen und für dich klären, was genau du in den sozialen Medien erreichen willst. Geht es ums Image? Schaffen von Markenbewusstsein? Ums Dabeisein? Oder ernsthaft um die Steigerung des Umsatzes?

Sehen wir uns das noch einmal am Beispiel der Pizzeria an. Wenn du eine Pizzeria hast, ist vermutlich dein Ziel, dass mehr Menschen deine Pizza essen. Klären musst du allerdings, ob du willst, dass sie in dein Restaurant kommen oder ob sie die Pizza bestellen und geliefert bekommen sollen. Das macht einen Unterschied. Die Bestell-Variante ist in diesem Fall wahrscheinlich die erfolgversprechendere.

Dann musst du klären, was das Besondere an deiner Pizza ist. Warum sollen hungrige Social-Media-User ausgerechnet bei dir bestellen? Finde ein Alleinstellungsmerkmal, das dich besonders macht.

»Bei uns bekommst du auch eine Pizza mit Gummibärchen drauf, wenn du das willst. Wir belegen sie mit allem, was du dir wünschst und der Preis bleibt immer gleich.« Das ist nicht besonders aufregend und geschmacklich eher bescheiden, wäre aber schon eine USP.

Ein anderer wäre, dass deine Pizzen mit wenig Salz, Zucker, Fett und durch ein besonderes Mehl mit wenig Kohlenhydraten gemacht sind, und sich deshalb sogar zum Abnehmen eignen. Oder du verweist auf geheimnisvolle italienische Originalrezepte und einen sizilianischen Küchenchef, der deine Pizzen besser zubereitet als jeder andere. Sieh dir unbedingt an, was deine Konkurrenz schon macht, oder eben noch nicht macht.

Bei der nun anstehenden Überlegung, auf welches Medium du setzt, ist klar: Die Themen Pizza und italienische Küche eignen sich besonders gut für Fotos. Da du kein Newcomer bist und das in den sozialen Medien geringe Werbebudget vermutlich aufbringen kannst, liegen sowohl *Facebook* als auch *Instagram* nahe. *YouTube* eignet sich auch deshalb weniger, weil du hier die geografische Reichweite schlechter eingrenzen kannst. Wenn deine Pizzeria in Passau ist und ein Berliner dein Video findet, hast du nichts davon.

Ich würde mit beiden Medien, *Facebook* und *Instagram*, starten und regelmäßig Posts mit Fotos köstlicher Pizzen, begleitet von einigen wenigen Fakten zur traditionellen italienischen Küche erstellen und gegebenenfalls darauf verweisen, dass deine Pizzen auch über *Lieferando*, *Mjam* oder andere Lieferservices zu haben sind. Neben der geografischen Reichweite mittels Geo-Targeting legst du bei deinen Ads auch den zeitlichen Rahmen fest. Klarerweise postest und wirbst du dann, wenn Menschen auch Pizza essen wollen, also rund um die Mittagszeit und am Abend. Zwischen 11 Uhr und 11.30 Uhr und dann wieder ab 17 Uhr ist perfekt.

Insgesamt wird deine Pizzeria nachhaltig besser ausgelastet sein, weil du dir deine eigene Community aufbaust. Du bekommst garantiert Bestellungen, die du bisher nicht bekommen hättest. Abgesehen von positiven wirtschaftlichen Effekten wirst du auch expansionsrelevante Informationen erhalten, wenn du dein Einzugsgebiet mit zusätzlichen Standorten erweitern willst. Wo du sie am besten eröffnest, darauf können dir die *Facebook*- und *Instagram*-Daten Aufschluss geben. Von wo kommen die meisten Bestellungen? Woher kommen meine Pizza-Fans? Wäre es vielleicht eine gute Idee, dort mit einem eigenen Restaurant vor Ort zu sein?

Überlege dir auch zu Beginn gleich, wie du das alles operativ umsetzen willst. Machst du es selbst? Setzt du dafür Mitarbeiter ein, die ein Händchen dafür haben? Oder beschäftigst du externe Dienstleister?

Besonders teuer sind externe Dienstleister bei einer Pizzeria oder jedem anderen Restaurant nicht, auch das Werbebudget wird eher bescheiden ausfallen. Denn der Aufwand ist bei solchen Geschäftsmodellen überschaubar und für die Ads gilt: Die geografische Reichweite ist beschränkt und damit ist auch der Personenkreis, den du erreichen willst, vergleichsweise klein. Das begrenzt natürlich auch die Werbeausgaben. Mehr zum Thema, wie du als Wirt Geld mit *Facebook*, *Instagram*, *YouTube* und Co. verdienst, liest du im nächsten Kapitel.

Hier also noch einmal die wichtigsten Entscheidungen, die du als Eigentümer oder Leiter eines bereits analog existierenden Unternehmens am Anfang des Geldverdienens mit den sozialen Medien treffen musst:

Was will ich erreichen?
Was ist meine USP, die mich vom Mitbewerb abhebt?
Wen will ich damit ansprechen?

Welches Netzwerk unterstützt mich am besten dabei?
Mache ich es selbst, oder suche ich mir einen Partner?

Egal, ob du mit deinem Angler- oder Interieur-Account beziehungsweise -Kanal oder mit deinem analogen Unternehmen in den sozialen Medien Umsatz generieren willst, spare nicht an Vorlaufzeit. Denn diese Entscheidungen sind wichtig. Sie beeinflussen von da an deine gesamte digitale Performance und damit deinen Erfolg. Diese Entscheidungen kann dir auch niemand abnehmen. Du kannst sie nur selbst treffen und dafür musst du genau wissen, was du willst. Das zu wissen ist manchmal nicht ganz einfach. Also nimm dir die notwendige Zeit, bevor du richtig durchstartest.

EIN WEINGUT, EIN TISCHLER, EIN STEUERBERATER UND NOCH EIN WIRT

Die gesamte Wirtschaft wird früher oder später mit den sozialen Medien Geld verdienen, oder vielleicht gar nicht mehr. Falls du noch immer der Meinung bist, dass das interessant ist, aber nicht für dich, findest du hier vier Beispiele, die dich vielleicht inspirieren könnten. Vier Beispiele, wie auch klassische und altehrwürdige Unternehmen Geld mit *Facebook*, *Instagram*, *YouTube* und Co. verdienen können.

Wenn ich in der analogen Wirtschaft Social-Media-Leugner treffe, stelle ich ihnen seit einer Weile immer diese Frage: Würdest du Geld und Zeit investieren, um mehr Gewinn zu machen?

STELL DIR VOR, DU BIST WINZER.

Die Corona-Krise hat viele Unternehmer in Sachen Digitalisierung aufgeweckt. Sie kamen auf uns zu und fragten: Was können wir machen? Unter ihnen war ein Winzer eines burgenländischen Weinguts. Als die Restaurants, die seinen Wein ausschenkten, schließen mussten und er bei Privatkunden keine Verkostungen mehr anbieten konnte, brauchte er Alternativen.

Wir stellten fest, dass er normalerweise ganz spezielle Weinverkostungen anbot. Ein Weinberater aus seinem Betrieb besuchte private Weinliebhaber daheim und präsentierte ihnen verschiedene Sorten des Hauses im Rahmen eines Verkostungsprogramms. Da der Winzer bemerkt hatte, dass die Kunden anschließend ohnedies gerne kauften, bot er diesen Service ab vier Personen gratis an. Hätte er nur fünfzig Euro Pauschale verlangt, wäre das Geschäft wahrscheinlich schlechter gegangen, weil bei den Kunden der Gedanke »Wir sollten jetzt schon auch etwas kaufen, wenn der Herr für eine gratis Weinverkostung zu uns kommt.« nicht aufgekommen wäre.

Wir dachten darüber nach, wie sich dieser Service auch online anbieten ließe. Während ich das hier schreibe, läuft gerade die Testphase: Kunden buchen online eines von neun Weinverkostungspaketen und wählen einen Termin, gemeinsam mit Freunden oder ihrer Familie zum Beispiel. Die Gruppe bezahlt eine Pauschale in Höhe von 69 Euro und bekommt dafür eine Kiste mit sechs verschiedenen Weinen zugeschickt. Zum vereinbarten Termin präsentiert der Winzer die Weine, live am Bildschirm, während es sich seine Kunden mit den Flaschen und Gläsern auf der Wohnzimmercouch bequem machen. In Ruhe führt der Wein-Experte die Teilnehmer durch die Weine und erklärt die Besonderheiten. Am Ende gibt es dann noch das Angebot, die verkosteten Weine zu einem vergünstigten Preis zu bestellen.

Im Prinzip läuft also alles wie bei einer ganz normalen Weinverkostung ab. Völlig neu sind aber die Wege, über die sich dieses Angebot vermarkten lässt. Auf einmal geht es nicht mehr um Mundpropaganda, Prospekte und Anrufe, sondern um KPIs, Ads und Funnels. Wenn das Produkt, in diesem Fall die Weinverkostung, und die Zielgruppe, in diesem Fall die Weinliebhaber, so klar sind wie in unserem Beispiel, lassen sich praktisch alle Werkzeuge des Social-Media-Marketings anwenden. Im ersten Monat haben wir es geschafft, damit mehr als hundert Online-Weinverkostungen zu verkaufen.

STELL DIR VOR, DU BIST TISCHLER

Stell dir vor, du bist ein Möbeltischler. Dann kannst du vom aktuellen Trend profitieren, der wegführt von Massenkonsum und Billigware, hin zu Qualitätsprodukten und Regionalität. Besonders dann, wenn du auf *Facebook*, *Instagram*, *YouTube* und Co. setzt. Wenn du jetzt meinst, das hättest du nicht nötig, weil deine Auftragsbücher voll sind, lies bitte nach unter »Die Social-Media-Leugner«.

Auch als Tischler musst du zunächst überlegen, was das Besondere an dir ist und wen du damit ansprechen willst. Sagen wir, deine Tischlerei ist im niederösterreichischen Horn. Warum sollten die Menschen dort und in den umliegenden Städten Gars am Kamp, Eggenburg oder Gföhl ihre Küchen ausgerechnet bei dir bestellen? Welche Geschichte kannst du ihnen in den sozialen Medien erzählen?

Ziemlich gut im Trend liegst du, wenn du auf Nachhaltigkeit und Bio-Vollholzmöbel, Naturfarben und Holz- statt Eisenverbindungen setzt. Darüber kannst du eine Menge Geschichten erzählen. Sie beginnen beim Klimaschutz durch nachhaltige Forstwirtschaft und reichen über die Emissionen von Industriemöbeln bis zu dem Angebot, gebrauchte Möbel um wenig Geld restaurieren zu lassen, sodass sie wieder wie neu aussehen, ergänzt durch hübsche Vorher-nachher-Fotos. Kannst du deinen Kunden kleine Holzboxen mit Materialien schicken, damit sie deren Qualität erleben können, während du die Erstberatung online durchführst?

Dazu hast du noch etwas anderes Nützliches anzubieten: Dein Wissen im Umgang mit Holz, für das sich hunderttausende Heimwerker interessieren. Dieses Wissen kannst du in kurzen Videos weitergeben, aber du kannst auch, wenn du Zeit dafür hast, Bastel-Webinare anbieten, den Teilnehmern zuvor das Rohmaterial, zum Beispiel für ein Serviertablett, schicken und es dann gemeinsam mit ihnen anfertigen. Solche Projekte machen Spaß, bringen allen Beteiligten etwas und dokumentieren ein gewisses »Out oft the box«-Denken, das so vielen fehlt, mit dem sich die sozialen Medien aber wunderbar erobern lassen.

Als nächstes legst du deinen geografischen Radius fest. Bis wohin würdest du mit deinem Lastwagen fahren, um Möbel zuzustellen? Wahrscheinlich steigt dein Radius, je mehr du dich spezialisierst. Zum einen, weil du als Vollholztischler mit klarem Profil und interessanten Angeboten Menschen überall in deinem Land und womöglich darüber hinaus auffallen kannst, zum anderen, weil mit einer eindeutigen Spezialisierung meist neben den Umsätzen auch die Renditen steigen, weshalb längere Lieferwege nicht mehr so sehr ins Gewicht fallen.

Bei der nun anstehenden Wahl der Plattformen bietet sich zum Beispiel *Pinterest* an. Interieur funktioniert dort erfahrungsgemäß. Du kannst edel inszenierte Fotos von

Kommoden, Schränken oder Tischen pinnen, oder auch einmal welche von deinem Holzlager oder von Stücken, die gerade in deiner Werkshalle entstehen. Der Nachteil dabei: Bei deinen organischen *Pinterest*-Posts kannst du dich geografisch nicht einschränken. Das heißt, dass du womöglich eine Anfrage für eine neue Küche aus Hamburg bekommen könntest, was dich als niederösterreichischer Tischler dann wahrscheinlich doch kaum interessiert. Wenn du also auf *Pinterest* setzt, dann am besten über bezahlte Reichweite mit Geo-Targeting, also eine Einschränkung deines geografischen Zielgebiets. Denn für dich als Tischler gilt: Werbeanzeigen außerhalb deines Wirkungsbereiches zu schalten ist verschwendetes Geld.

Außerdem würde ich dir, gerade bei einer Spezialisierung auf Bio-Vollholzmöbel, *Google Ads* empfehlen. Hier kannst du den Vorteil nützen, dass potenzielle Käufer von Bio-Vollholzmöbeln wahrscheinlich genau diesen oder ähnliche Begriffe bei *Google* eingeben und die Konkurrenz der Konzerne und großen Möbelketten, die ebenfalls damit arbeiten, noch überschaubar ist. Du könntest dein Werbebudget, das du auch bei *Google Ads* geografisch gezielt investieren kannst, also besonders effizient einsetzen.

Nach der Definition deiner USPs, der Auswahl der Plattformen und der Eingrenzung deines Radius definierst du deine Zielgruppe. Du musst dich also fragen: Wer interessiert sich am ehesten für Bio-Vollholzmöbel? Das sind nicht einfach alle Menschen, die eine neue Küche oder einen neuen Schrank brauchen. Es sind vielmehr Menschen, die sich zusätzlich für Umwelt, Nachhaltigkeit, Bio-Produkte und einen gesunden Lebensstil interessieren, und deren Einkommen zumindest im Durchschnittsbereich oder darüber liegt.

Wenn du schon länger Bio-Vollholztischler bist, hast du auch bereits Erfahrungen mit deiner Zielgruppe gemacht und kannst bei ihrer Definition für die sozialen Medien darauf aufbauen. Deine Interaktion mit deiner Community in den sozialen Medien wird dir immer mehr Informationen über sie verschaffen, mit denen du deine Werbebudgets dann immer effizienter einsetzen kannst. Wer kauft gerne metallfreie Betten? Bei wem kommen meine Bastel-Webinare besonders gut an? Bei der Antwort auf solche Fragen kannst du immer wieder Überraschungen erleben.

STELL DIR VOR, DU BIST STEUERBERATER

Die Bereitschaft der Steuerberater, sich soziale Medien zunutze zu machen, ist gering, obwohl sie damit viel erreichen könnten. Auch sie müssen sich als Erstes überlegen: Wer ist meine Zielgruppe? Freiberufler zum Beispiel? Wenn ja, dann welche? Architekten? Autoren? Ärzte? Spezialisierte Steuerberater sind wahrscheinlich nicht nur bei ihren Beratungen kompetenter, sie tun sich auch in den sozialen Medien leichter.

Ein Social-Media-Auftritt ist bei Steuerberatern besonders naheliegend, denn sie tun sich besonders leicht dabei, nützlichen Content für ihre Posts zu produzieren. Wer will nicht wissen, wie er Steuern sparen kann? »Gutscheine dieser und jener Anbieter als Weihnachtsgeschenk für Mitarbeiter sind bis zu dieser und jener Höhe nicht sozialversicherungspflichtig.« wäre zum Beispiel ein interessanter Post vor Weihnachten. Das Ganze illustriert mit einer netten Grafik, die einen Gutschein mit roter Schleife und Weihnachtssternchen in Form von Euro-Zeichen zeigt.

Als Steuerberater würde ich mich vor allem auf *Facebook* und *Linkedin* als Experte positionieren und dort einen bestimmten Teil meines Fachwissens kostenlos anbieten. Und nein, das ist kein Verschenken wertvoller Kernkompetenz, sondern eine vertrauensbildende Maßnahme.

Wer sich schon in den sozialen Medien als nützlich erweist, von dem wollen User mehr wissen. Wer mit seinem Wissen aus ökonomischem Kalkül hinter dem Berg hält, wirkt suspekt oder bleibt unentdeckt.

Es geht um das Wecken von Interesse. Zum Beispiel würde ich als Steuerspezialist für Ärzte ein kleines Bild mit der Aufschrift »fünf Steuervorteile, die jeder Arzt kennen sollte« posten. Diese Tricks sollten aber im Post nicht ganz ausformuliert werden. User, die sie zu Ende lesen wollen, müssen zuerst klicken. So gelangen sie auf meine Website mit einem detaillierteren Beitrag, wo ich sie mit Cookies ausstatte, sodass ich sie später erneut ansprechen kann. Ich könnte sie auch bitten, sich mit ihrer E-Mail-Adresse anzumelden, um die Steuervorteile in Form eines PDFs zugeschickt zu bekommen. Ich behaupte, dass viele Ärzte auch noch dieses Angebot annehmen würden.

Hier in Österreich kenne ich keinen einzigen Steuerberater, der professionelle Social-Media-Kanäle betreibt und sich so eine Community aufbaut, die ihn von der klassischen, schwer beeinflussbaren Mundpropaganda unabhängig macht und ihm die Chance bietet, als Kanzlei zu expandieren.

In Deutschland gibt es einen, der das recht professionell macht. Er erklärt in seinen *YouTube*-Videos Firmenkunden zum Beispiel die Vorteile einer doppelten Holdingstruktur, genau so, wie er es seinen Kunden in seinem Besprechungszimmer erklären würde. Auch er verschenkt damit nichts, denn wer so eine Struktur umsetzen will, muss seine Dienste erst recht in Anspruch nehmen. Und wer einmal wegen dieser Sache bei ihm war, wird wahrscheinlich auch wegen anderer Fragen wiederkommen.

Der Zugang »Mein Wissen verschenke ich nicht!« ist hoffnungslos veraltet. Alle Internet-User können fast jede

Art von Wissen, auch das über die Vorteile einer doppelten Holdingstruktur, im Internet finden, wenn sie wollen. Ohne Experten an ihrer Seite können sie aber oft wenig oder gar nichts damit anfangen. Denn Wissen aus dem Internet ist meistens nur Halbwissen, es fehlt der Unterbau an Erfahrung.

Trotzdem glauben viele Steuerberater und vergleichbare Dienstleister wie Rechtsanwälte und Notare, dass sie ihr Wissen geheimhalten müssen. Womit sie nicht nur Chancen auslassen, sondern auf Dauer auch passiv ihr Image beschädigen. Denn potenzielle Kunden fragen sich: Wo steht eigentlich, dass ausgerechnet du ein guter Steuerberater bist? Auf deiner Website? Und das soll ich glauben? Obwohl du keinen Social-Media-Auftritt hast? Warum hast du keinen? Hast du etwas zu verbergen? Unwissenheit zum Beispiel?

So wenden sie sich lieber an Steuerberater, von denen sie sich in den sozialen Medien und über eine zeitgemäße Website selbst ein Bild machen können. Den Vogel abgeschossen hat ein Notar aus Bayern, der es zwar geschafft hat, an einer Elite-Uni zu studieren, aber nicht, seine Geschäftsadresse auf *Google* zu ändern. Auf der Startseite seiner Website steht groß: »Die in *Google* angegebene Adresse ist falsch!!!« Die Frage, ob dieser Notar Online-Beglaubigung anbietet, erübrigt sich. Ein guter Online-Auftritt ist aber die beste Visitenkarte.

Ähnliches gilt, wie schon am Beispiel meiner eigenen Steuerberaterin gezeigt, auch für das Recruiting. Wenn ich mir all die Absolventen der Wirtschaftsuniversitäten ansehe, frage ich mich manchmal, wo sie alle einmal arbeiten möchten. Die Antwort ist klar. Wenn sie sich für Steuerberatung interessieren, dann wollen sie zu einer Kanzlei, die in der Vorschlagsliste von *Google* ganz oben steht und die in den sozialen Medien spannend wirkt. Die Big Four im Bereich Steuerberatung und Wirtschaftsprüfung haben das längst verstanden. Sie machen nicht alles perfekt, aber haben die Relevanz erkannt und eigene Abteilungen, die sich nur um ihre digitale Performance kümmern. Sie haben sogar eigene *Facebook*-Seiten, auf denen es nur um Karriere in ihrem Haus geht. Genau deswegen können sie sich die Bewerber aussuchen. Das macht sie mittel- und langfristig immer stärker, während im rein analogen Teil der Branche der Braindrain, die Abwanderung der Talente, in vollem Gange ist. Das ist immer der Anfang des Untergangs.

STELL DIR VOR, DU BIST WIRT

Im Jahr 2020 kam der Wirt eines alten Wiener Kaffeehauses zu mir. Er betrieb einen Webshop, über den er seine Produkte anbot. Das waren verschiedene Sorten Röstkaffee sowie diverse Merchandising-Artikel, die auch in einem kleinen Laden gegenüber seinem Kaffeehaus zu haben waren. Das Kaffeehaus kennst du vielleicht, denn es ist eines der berühmtesten in Wien, seit der Musiker

Georg Danzer es in seinem Song mit dem Titel »Jö schau« verewigt hat.

Das legendäre *Hawelka* liegt in einer der verwinkelten Wiener Gassen rund um den Stephansdom und als wir die Betreuung des Social-Media-Geschäftes übernahmen, schlummerte der Umsatz des Webshops bei rund 10.000 Euro im Jahr vor sich hin. Das ist nicht nichts, aber für ein dermaßen bekanntes Unternehmen doch sehr wenig.

Wir waren von Anfang an von dem Auftrag begeistert. Wir hatten hier eine starke Marke, eine Geschichte, die wir über die sozialen Medien erzählen konnten und attraktive Produkte, die wir online verkaufen konnten. Attraktiv waren sie auch deshalb, weil sich Kaffee online ohnehin leicht verkaufen lässt. Er ist einfach zu verpacken und rasch versandfertig.

Ich überzeuge mich immer gerne selbst davon, welche Produkte meine Kunden anbieten und wollte deshalb wissen, was den *Hawelka*-Kaffee besonders macht. Also fuhr ich mit der U-Bahn zu dem Shop und ließ mich beraten. Es standen verschiedene Röstungen zur Auswahl, für jeden Geschmack eine, aber die USP machten weniger die ausgefallenen Bohnen als vielmehr die Tradition aus. Perfekt als Mitbringsel, als Andenken an den Wien-Urlaub oder als Geschenk für die Großeltern, die früher selbst gerne ins *Hawelka* gingen und die Erinnerungen an diese Zeit gerne bei einer Tasse Kaffee daheim am Küchentisch aufleben lassen.

Wir schlugen dem Wirt des *Hawelka* am Ende folgenden Plan vor: Deutschen Gästen bieten wir, wenn sie längst wieder daheim sind, über *Facebook*-Ads den Kaffee aus dem Webshop an, und zwar mit schönen und romantischen Bildern von der besonders in Deutschland beliebten Wiener Kaffeehauskultur, quasi zur Erinnerung an ihren Aufenthalt. Österreichischen Gästen schlagen wir den Kaffee als Geschenk für Freunde und Verwandte vor, mit dem sie nichts falsch machen können. Wer würde sich nicht über hübsch verpackten *Hawelka*-Kaffee freuen?

Wir entwickelten eine Strategie, die es uns ermöglichen sollte, den Umsatz im Webshop binnen eines Jahres zu verzehnfachen. Schließlich hatten wir es schon geschafft, mit Marillenmarmelade von Bauern aus der Wachau sechsstellige Jahresumsätze zu lukrieren, mit *Hawelka*-Kaffee würden wir das erst recht schaffen.

Dabei sollte uns ein Phänomen helfen, das eigentlich untypisch für die sozialen Medien ist. Der letzte *Facebook*-Post des *Hawelka* datierte aus dem Jahr 2017 und war damit schon drei Jahre alt. Doch wir stellten etwas fest, das im Grunde allen Social-Media-Regeln widersprach: 12.000 User hatten das *Hawelka* trotzdem markiert, einfach, um zu zeigen, dass sie dort gewesen waren. Ein Phänomen, das dem Kultstatus des Kaffeehauses geschuldet war.

Wir hatten damit einen Ansatzpunkt. Wir wussten von 12.000 Menschen, dass sie bereits im *Hawelka* gewesen waren. Wir wussten, wer sie waren, und konnten sie so mit unseren Ads targetieren. Doch wir wollten mehr.

Um weitere Daten zu sammeln, wandten wir einen einfachen Trick an, der in allen Cafés und Restaurants funktioniert: Das Bereitstellen von W-LAN, wofür wir mit »Gratis W-LAN« und »Free Wifi« im Kaffeehaus warben. Die meisten Menschen, die in einem Lokal ins Internet wollen, nutzen bereitwillig angebotene W-LAN-Hotspots.

Über so einen Hotspot können Lokale ihre Gäste zunächst auf die eigene *Facebook*-Seite leiten. Oder auf die Website. Wirte können ihre Gäste auch zu ihren Webshops leiten. Entscheidend bei der Auswahl der Seite ist die Zielgruppe des Cafés. Ein Hipster-Café sollte seine Gäste zum Beispiel vielleicht eher auf seine *Instagram*-Seite leiten, wenn sie gut geführt ist. Als Wirt kannst du sie auch auf eine Unterseite deiner Website leiten, auf der du sie auf eine Rabatt-Aktion aufmerksam machst.

Was bringt das? Wenn auf der Seite dieses Cafés der richtige *Facebook*-Pixel integriert ist, wofür jeder mithilfe von Video-Tutorials inzwischen sorgen kann, ist der Weg zur Kontaktanbahnung mit dem betreffenden Gast als potenziellem neuen Webshop-Kunden frei. Denn damit wissen Wirte, welche Gäste auf ihrer Seite waren und können sie von da an jederzeit auf *Facebook* targetieren.

Für so eine Strategie zahlt es sich sogar aus, Gäste für die Benutzung des W-LANs zu bezahlen. Als Wirt mit einem Online-Shop kannst du Schilder aufstellen, auf denen steht: »Benutze unser W-LAN und nimm dir einen kostenlosen Keks.« Es klingt vielleicht absurd, Kunden dafür zu belohnen, dass sie einen ohnedies kostenlosen Service in Anspruch nehmen, aber den Keks sind die Daten, die du dabei gewinnst, allemal wert. Es reicht natürlich nicht, einen normalen W-LAN-Router aufzustellen, denn die Gäste müssen der Nutzung zuerst zustimmen, um dann automatisiert auf deine Website oder zu *Facebook* geleitet zu werden. *Freewave* bietet so einen Service beispielsweise an. Ohne Weiterleitung solltest du die Kekse lieber selber essen.

Die Rechnung sieht so aus: Leads zu gewinnen, also Kontakte zu Menschen, die du als Gäste in dein Café einladen kannst, oder denen du dein Take-away-Service oder Produkte aus deinem Webshop anbieten kannst, kostet in jedem Fall Geld. Wenn du einen Besucher oder gar Abonnenten für ein Mineralwasser oder einen Keks kriegst, ist das relativ günstig, und die Daten sind besonders gut: Es sind die von Menschen, die tatsächlich schon einmal bei dir waren. Das ist die beste Zielgruppe, die es gibt. Interessant sind auch die Menschen, die sich in unmittelbarer Nähe deines Lokals aufhalten. Die Frage lautet hier: Wie kannst du ihnen digital einen hübschen Wegweiser vor die Nase stellen, der sie zu dir führt?

Wir hatten das schon bei der Pizzeria: Zuerst bestimmst du den Umkreis. In einem Gebiet mit hoher Fußgänger-Frequenz wie der Wiener Innenstadt eignen sich zum Beispiel 800 Meter. Wenn du ein Landgasthaus betreibst, können es auch zehn Kilometer sein. Wichtig ist, dass es Passanten oder Menschen, die dort wohnen oder arbeiten, als »in der Nähe« empfinden. Beim Timing geht es darum, was du anbietest. Mittagessen? Abendessen? Beides? Keins von beidem?

Bloß wie stellst du sicher, dass deine in der Nähe befindlichen potenziellen Gäste zum richtigen Zeitpunkt tatsächlich in den sozialen Medien sind und sich von deinem Ad zu einem Besuch bei dir inspirieren lassen? Das brauchst du nicht sicherzustellen. Man kann es auch traurig finden, aber die meisten Menschen sind auch so ständig in den sozialen Medien unterwegs. Ja, auch beim Spazierengehen.

Ihre *Facebook*-Accounts sind fast permanent offen. Sie scrollen und schauen. Genau dann, wenn sie hungrig werden, poppt dein Mittagsmenü oder dein Streetfood in ihrem Feed auf und sie denken: Wow, das ist ja gleich hier ums Eck. Wenn du dann auch noch ein Gratis-Getränk anbietest, hast du vielleicht schon einen neuen Kunden gewonnen, vielleicht auch einen, der deinen Abholservice nutzt, falls du einen hast.

Selbst wenn du Wirt bist, wirst du jetzt vielleicht sagen: Mein Café ist kein *Hawelka*. Kaffeehäuser wie meines gibt es wie Sand am Meer. Da sind wir wieder an dem Punkt, an dem du dich fragen musst: Was ist mein Alleinstellungsmerkmal? Wenn du keines hast, kreiere eines!

Kannst du vielleicht die besten Mehlspeisen anbieten? Macht dein Barista den besten Kaffee in der Stadt? Ist deine Einrichtung ausgefallen? Es gibt bestimmt etwas, das dich besonders macht. In meiner Heimatstadt Graz wirbt ein Café damit, dass es dezidiert kein Hipster-Café ist, und das funktioniert auch. *#keinhipstercafe* ist eine Unique Selling Proposition, eine USP. Wenn alle auf Hipster machen und du dich klar dagegenstellst, fällst du auf und machst dich für eine bestimmte Zielgruppe attraktiv. Vor allem gewinnst du damit eine Geschichte, die du in den sozialen Medien erzählen kannst.

Manche Wirte denken monatelang über ihre Logos nach und beschäftigen drei Designer damit. Das ist vergeudete Energie. Niemanden interessiert es, welches Logo deine Servietten oder deine Aschenbecher ziert. Mach lieber kleine Veranstaltungen, Workshops oder Themenabende, von denen du in den sozialen Medien erzählen kannst. Sie bringen dir Daten und neue Gäste. So viele Wirte klagen jeden Tag über zu wenige Gäste, tun aber nichts dafür, dass sich das ändert. Also sei schlauer als die anderen und bereit, Geld mit den sozialen Medien zu verdienen.

*Existiere als Wirt nicht einfach vor dich hin und
warte darauf, dass Gäste in dein Lokal kommen und
Bestellungen aufgeben. Gib ihnen einen Grund dafür.
Es muss kein großartiger oder weltbewegender Grund sein.*

Es reicht eine sympathische, interessante oder spannende
Geschichte, die du auch in den sozialen Medien erzählen kannst.

Dieser Satz lässt sich für jedes Geschäftsmodell, das in der
Wirtschaft des 21. Jahrhunderts existiert, umformulieren.

P.S. Ein letzter Tipp zum Schluss: Online-Bewertungen
deines Lokals, deiner Produkte und Dienstleistungen sind
für potenzielle Neukunden die vertrauensvollste Quelle,
um eine Kaufentscheidung zu treffen. Konsumenten setzen zunehmend eher auf Online-Bewertungen, als auf
Empfehlungen von Freunden und Bekannten oder Exper-
tenmeinungen – das haben bereits mehrere Studien be-
wiesen. Ein Beispiel, wie du das für dich umsetzen kannst,
gibt dir die Bewertungsseite für dieses Buch, an die ich
auch eine Liste mit hilfreichen Tools angehängt habe:

cashbook.digital/bewertung

Willibald Katzenschlager

im Gespräch mit Silvia Jelincic

KOMMT DER
CORONA
CRASH?

Was Sie JETZT über Ihren Job und Ihr Geld wissen sollten

Von einem erfahrenen Privatbanker

edition a

Willibald Katzenschlager
Kommt der Corona-Crash?
Was Sie jetzt über Ihren Job und Ihr Geld wissen sollten

Folgt auf die Corona-Krise die große Inflation? Crasht der Euro? Stürzen die Börsen ab? Was droht unseren Jobs und unserem Geld? Der Privatbanker Willibald Katzenschlager beobachtet die Wirtschaft seit Jahrzehnten und hilft mit seinem Wissen vermögenden Kunden, ihre Gewinne zu erhöhen und abzusichern. Leicht verständlich erklärt er in diesem Buch, was wirklich kommt. Dabei zeigt er ohne Rücksicht auf die Beschwichtigungen der Politik und die Untergangsszenarien in den sozialen Medien auch, wie wir uns darauf vorbereiten können.

144 Seiten, 18 €
ISBN: 978-3-99001-514-8

Gerald Hörhan

DER
STILLE
RAUB

**Wie das Internet die Mittelschicht
zerstört und was Gewinner der
digitalen Revolution anders machen**

edition a

Gerald Hörhan
Der stille Raub
Wie das Internet die Mittelschicht zerstört und was
Gewinner der digitalen Revolution anders machen

Binnen weniger Jahre wird die digitale Revolution die Ge-
sellschaft komplett verändern. Wenige werden reich, viele
arm, und die Mittelschicht wird es nur noch in den Ge-
schichtsbüchern geben. Gerald Hörhan, Harvard-Absol-
vent, Investmentbanker und Internet-Unternehmer, zeigt,
was die künftigen Gewinner der digitalen Revolution jetzt
tun müssen und warum alle anderen untergehen. In pro-
vokantem Ton lässt Hörhan, der an Wirtschaftsuniversitäten lehrt und mit seiner Online-Akademie einen MBA
(Master of Business Administration) anbietet, hinter die
Kulissen der digitalen Wirtschaft blicken. Ein Buch, das
erschreckt, und zugleich die neuen Chancen zeigt.

192 Seiten, 21,90 €
ISBN: 978-3-99001-212-3